工程造价(土建方向)

主　编　郭一斌　段永辉
主　审　薛　茹

U0343501

黄河水利出版社
·郑州·

内 容 提 要

本书依据《建设工程工程量清单计价规范》(GB 50500—2013)、《河南省房屋建筑与装饰工程预算定额》(HA01—31—2016)编写,讲述如何计算建筑工程价格,主要内容包括建筑工程造价概述、土石方工程与地基处理、砌筑工程、混凝土及钢筋混凝土工程、防水及保温隔热工程、装饰装修工程、措施工程及附录。本书主要供土建方向工程造价教学与实训使用,也可供相关从业人员阅读参考。

图书在版编目(CIP)数据

工程造价. 土建方向/郭一斌,段永辉主编. —郑州:黄
河水利出版社,2017.9
ISBN 978 – 7 – 5509 – 1783 – 5

Ⅰ.①工…　Ⅱ.①郭…　Ⅲ.①土木工程 – 工程造价
Ⅳ.①TU723.3

中国版本图书馆 CIP 数据核字(2017)第 154930 号

组稿编辑:谌莉　电话:0371 – 66025355　E-mail:chenli1984-1983@163.com

出　版　社:黄河水利出版社　　　　　　　　　　网址:www.yrcp.com
　　　　地址:河南省郑州市顺河路黄委会综合楼 14 层　邮政编码:450003
发行单位:黄河水利出版社
　　　　发行部电话:0371 – 66026940、66020550、66028024、66022620(传真)
　　　　E-mail:hhslcbs@126.com
承印单位:河南承创印务有限公司
开本:787 mm×1 092 mm　1/16
印张:11.5
字数:266 千字　　　　　　　　　　印数:1—3 000
版次:2017 年 9 月第 1 版　　　　　　印次:2017 年 9 月第 1 次印刷

定价:35.00 元

前　言

　　造价商业软件的推广使得初学人员对造价的认知仅停留在"算量"的层次,建筑工程价格由软件的默认设置来"确定"。如何学习从施工图中提取有效计量参数,是现今造价行业初学人员的首要任务。

　　编者从事工程造价教学工作20年来,对于造价行业人才青黄不接、良莠不齐的现状深有体会,所以很早就有写一本工程造价教材的愿望,由于计价依据一直变化,以至迟迟不能成事。直到2017年初,河南省新定额出版后,才开始本书的编写工作。从准备到最终交稿,历经了五个月之久,没想到过程是如此艰难。一是书的形式和内容的选取。现有的教材均以工程量计算为主,对定额和规范之间相互联系介绍得很少。大部分现有计价的书籍分别根据《建设工程工程量清单计价规范》或《房屋建筑与装饰工程预算定额》介绍工程量的计算。前者是建筑产品特征的定义标准,后者是建筑产品价格的标准,两者并不冲突,若将二者分开,实在是造价行业不可思议的现象。二是案例选取。本书案例工程量小,构件多,标注方法多变,本来是初学人员练习识图的好案例。但对造价来说,构件多意味着计算"陷阱"多,计价过程困难,子目套用复杂,确定信息难以提取。三是对读者级别的确定。造价本身涉及的信息与内容众多,读者的要求是决定内容的前提,反复斟酌、思量后,决定将部分章节删减,以入门级造价人员作为的主要受众。经过大量、多遍修改,终于完成这本关于"造价",而不是"算量"的书。交稿之际,对本书,总觉得有千万个小缺陷让编者不能直抒胸臆。但正如爱因斯坦的小板凳,"也许它不是最好的,可它是'我做'的"。

　　本书由郑州航空工业管理学院郭一斌、河南工业大学段永辉担任主编,由薛茹担任主审。非常感谢单位领导和家人的支持理解,也希望读者能够多提宝贵意见,让下一版的"板凳"更加精准与丰满,能够更有效地帮助读者学习造价专业。

编　者

2017 年 7 月

目　录

第1章　建筑工程造价概述

1.1　建筑工程造价的含义与特点

工程造价通俗地讲,就是通过计算建筑产品的工程量,并采用某种计价方式来确定建筑产品的价格。由于建筑产品的特殊性,其交易价格与普通商品不同,建筑产品的制作及交易过程受到各方面影响因素较多,价格具有不稳定性。因此,工程造价的含义与特点是建筑工程造价人员首先需要了解的内容。

1.1.1　工程造价的含义

工程造价的第一种含义,是从投资者与业主角度来定义的,是指某项建设工程的预期开支或实际开支的全部固定资产和流动资产的全部费用,是指当投资者为获得达到或能够完成某种功能的建设产品时,完成项目前期可行性研究、设计、实施、验收等一系列形成固定资产过程所支出的全部费用。从这个意义来讲,工程造价指形成固定资产的全部投资费用,是投资者为获得能够满足某种功能建筑产品而支付的全部费用,属于成本支出范畴。

工程造价的第二种含义,是从参与建筑产品形成过程中的各参与方等供给主体来定义的,包括施工承包商、材料供应商、设计、监理及咨询等。形成最终建设产品过程中,施工承包方、材料供应商、设计、监理及咨询等企业提供劳动服务或原材料成品,而与建设方形成的劳务服务、建筑成品或半成品的交易价格。随着建筑市场的专业化分工合作,中间产品越来越多,参与建设产品的交易主体越来越多,工程价格形成也将越来越复杂。尤其是随着投资主体多元化及投资来源的多渠道,一部分建筑半成品作为原材料,完全按照普通成品商品进入了建筑产品的形成。从这个意义来讲,工程造价是建立在供需双方通过完成某项任务,供方提供服务并获取报酬,需方支付的采购价格,属于产品销售收入范畴。

建筑产品价格的不稳定性是其区别于其他商品的最显著特点。同一套施工图纸,同一区域、同一时间段建设,也会由于投资主体、建设标准、参与主体、地质条件的不同而形成不同的工程价格。建筑工程产品价格的确定是随着建设项目的不断进行,参与方与建设方按照一定的管理程序和管理目标,不断深化及完善各个环节,在实现各项设计和管理目标后,一致认可并确认的成交价格。

1.1.2　工程造价的特点

与普通商品不同,建筑产品具有体积庞大、单一、不可逆等特点,与此对应,工程造价的特点包括以下几项。

1.1.2.1　大额性

建筑产品投资金额巨大,导致投资主体及资金来源具有多样性,涉及利益关系的主体较多,不仅在财务上具有较大效益与风险,对社会效益也会产生较大影响。

1.1.2.2　动态性

建筑产品从项目决策到项目竣工使用,建设周期较长,资金的时间价值及产品的软性与硬性的环境变化会对造价产生较大的影响。图纸细化程度、地质条件、政策变化、原材料价格、利率浮动、税费调整等,使建筑产品最终价格产生较大变化,工程造价具有明显动态价格特征。

1.1.2.3　单个性

由于建筑产品受到功能、环境制约具有单件性特点,其价格与产品单一性对应,也具有单个性特征。建筑产品价格单个性不仅受到产品特殊性影响,亦会受到管理目标、地质环境、投资主体、政策环境、实施阶段的影响。其价格单一性不仅体现在不同建筑产品之间,还体现在同一建筑产品的不同阶段。

1.1.2.4　层次性

建筑产品定义范围非常广泛,成品门窗、建筑主体、建筑材料、桩基分部工程等都可作为建筑产品。按照建筑产品层次来划分,可分为建设项目、单项工程、单位工程、分部工程、分项工程等几个层次。

(1)建设项目是指一个总图上所有工程总和,包括各主体工程、室外工程、附属工程等,以建设某高等学校为例,凡是出现在高校建设总规划图内的全部固定资产建设,称为一个建设项目。

(2)单项工程是能够独立完成某个功能的建筑物或构筑物,是建设项目组成部分,如高校内某个能够承担独立功能的教学楼、食堂、宿舍楼的建设。每个单项工程均由土建、安装、永久设备购置等工程内容组成。

(3)单位工程是指具有独立设计,可以独立组织施工,但建成后一般不能进行生产或发挥效益的工程,是单项工程的组成部分,如教学楼土建工程、照明工程、消防工程等。

(4)分部工程是按工程部位、设备种类和型号、使用材料和工种的不同,进一步划分出来的工程,是施工管理和计价的重要构成部分,如高校教学楼建设中土建工程的土方分部工程。

(5)分项工程是以施工工艺、材料、机械使用相同的综合工程作为基本分类内容,是工程计价基本分类,也是工程计价与工程管理各类规范(质量验收、计价规范与定额)分类基准项,是工程建设管理体系中最基本的组成部分,如土方工程中的“挖土方”分项工程。

建筑产品价格与层次相对应,建设项目工程造价由单项工程造价之和及相关费用组成,单项工程造价由单位工程造价之和及相关费用组成,单位工程造价由分部工程造价之和及相关费用组成,分部工程价格由分项工程价格之和及相关费用组成。

1.1.2.5　阶段性

建筑产品价格形成过程具有一定的阶段性。在项目立项和决策阶段,建筑产品价格主要是依据投资者对总体规划、方案及产品设想形成的工程估算;在项目设计阶段,工程造价主要是依据方案及施工图和其他计价依据,计算的工程概算和工程预算(招标控制价)等;随着工程持续进展,建设方与参与方通过招标投标逐步形成合同价款;施工过程中,签证、变更、索赔费用等追加至合同价款中;竣工验收后形成最终工程结算价款。

1.1.3 工程造价管理的基本理论

工程造价管理是随着工程建设的不断实施和深化,在确定工程价格过程中,实施的计划、实施、检查、反馈、调整的系列管理措施。其工作内容与方法介于工程计价与工程管理之间。分为以下几个阶段:

(1)投资决策阶段,以分析拟建建筑工程为核心,确定建筑功能、使用要求、建设标准、建设地点、工程实施的可行性等。这个阶段的造价将建筑工程作为建筑产品,计算建筑工程从开始投资至竣工结算形成固定资产的全过程成本,包括前期投入费用、设备费用、建安费用、工程建设其他费用、土地使用费和金融费用等。实践中,计价方法以政府(发改委部门)出台常用建设指标估算或类似工程指标估算为常用方法。

(2)准备阶段,分为设计阶段和施工准备阶段。设计阶段分为两类,一是根据投资者意图的方案设计阶段;二是按照方案设计进行深度细化的施工图设计阶段。施工准备阶段是工程造价管理最重要的一环,招标投标环节确定建设工程施工的合同工程价格、依据、支付程序等。常用的工程量清单计价方法就是依据《建设工程工程量清单计价规范》(GB 50500—2013)和施工图纸,在招标工程量清单确定的分项工程内容基础上,通过招标投标完成双方一致认可的价格过程;中标人投标文件中已标价的工程量清单是签订建筑合同、结算、支付价款的重要依据。

(3)实施与竣工阶段,是建设工程进入实质性实施阶段和实施完成阶段,也是供需双方依据约定的内容确认价格并完成建筑产品交易的阶段。随着工程实施的进行,签证、变更与索赔等影响造价因素的出现,如何决策、取舍与计价是影响造价结果的主要因素之一,也是工程造价管理者的必备技能。这一时期计价方法和依据主要是施工合同、相关法律法规。

前三个阶段的造价管理在我国现有造价管理体系中无论从法制建设,还是从规范、定额及市场接受度等方面都已经非常完善。

(4)运营和投资回收阶段。这一阶段的造价管理是指项目在实施前,投资人考虑建筑工程在运营阶段的费用,以及评价项目运营、盈利能力和资金时间价值等可行性指标,用来判断和影响建设工程的采购决策。我们将建设工程初始建造成本和建成后的日常使用成本之和称为建设工程全寿命期造价,包括建设前期、建设期、使用期及拆除期各个阶段的成本。在工程规划与建造阶段,考虑运营与投资回收成本是全寿命造价管理核心内容。我国 PPP 项目和一带一路项目建设中,一直积极地推行全寿命造价管理核心模式。意味着工程造价管理核心目标从工程建造价格的合理性至项目综合成本支出合理性的转变。BIM 理论与技术的发展为全寿命造价管理的推行提供了技术支持,促使全寿命造价管理思想会不断地应用到工程实践中去。造价管理体系如图 1-1 所示。

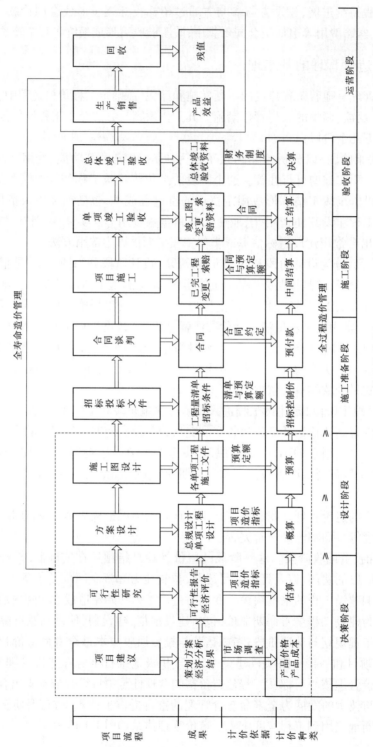

图 1-1　造价管理体系

1.1.4 我国工程造价模式的改革进程

2016 年之后,随着国家对建筑业管理改革的深化,其计价方法与计价规则不断发生变化,国家相关部委发布了一系列的法规和文件:财政部、国家税务总局《关于全面推开营业税改征增值税试点的通知》(财税〔2016〕36 号);住房和城乡建设部《关于做好营改增建设工程计价依据调整准备工作的通知》(建标〔2016〕4 号);住房和城乡建设部《关于进一步推进工程造价管理改革的指导意见》(建标〔2014〕142 号),《关于印发〈房屋建筑与装饰消耗量定额〉、〈通用安装工程消耗量定额〉、〈市政工程消耗量定额〉、〈建设工程施工机械台班费用编制规则〉、〈建设工程施工仪器仪表台班费用编制规则〉的通知》(建标〔2015〕34 号);国家标准《建设工程工程量清单计价规范》(GB 50500—2013),《建筑工程建筑面积计算规范》(GBT 50353—2013);《建筑安装工程费用项目组成》(建标〔2013〕44 号);《建筑工程施工发包与承包计价管理办法》(2014 年住建部令第 16 号)等,这些法规和文件的颁布实施,对我国工程计价方法与规则产生了重大的影响。

我国工程造价的发展经历了从计划经济向市场经济的重大转变。新中国成立至 20 世纪 80 年代末,我国工程建设投资主体主要以政府投资为主。工程造价管理的架构简单,就是按照政府各级主管部门统一颁发的定额和当季信息价进行计价,建筑企业实质上是消费部门,而不是生产企业。其中,用于工程实体的人工、材料、机械的消耗量一般由国家统一制定,称为消耗量定额;而人工、材料、机械单价、措施费、利润等由省、自治区及直辖市各级政府建设主管部门根据本地区生产力发展水平制定,称为单位估价表。长期以来,我国都是采用通过概预算来确定工程造价,即"定额 + 费用 + 文件规定"的模式,也就是按定额计算直接费,按取费标准计算间接费、利润、税金,再依据有关文件规定进行调整、补充,最后得到工程造价。这里直接费与间接费的计算依据,分别是参照定额和取费标准。各省市建设主管部门发布的本地区定额通常包括生产过程中的实物与物化劳动的消耗量,同时还包括各项消耗指标所对应的单价,属"量价合一"式的定额;取费标准是依据施工企业的资质等级由国家确定的。管理部门的工作主要集中在编制、解释定额,制定政策、法规和解决纠纷仲裁等方面。

近年来,随着我国不断加大基本建设的投资,工程造价相关政策也不断快速跟进与调整,逐步加强了工程造价管理的法律、规范等制度建设。与造价相关的国家政策中里程碑事件是 2003 年工程量清单的全面推广与实施,即将建设工程以产品订制方式进行交易,建设方在施工准备阶段即招标时提出拟建工程的数量、特征、工作内容的"订单",即工程量清单,承包方根据建设方提供的工程量清单的要求,进行投标报价。中标后,双方依据已标价的工程量清单进行中间结算及竣工结算直至合同完成。该种交易方式促使建筑工程交易双方风险均担,建设方承担工程量清单描述不清或工程量的风险,承包方承担投标报价或综合单价报价的风险,有效地推进了我国建筑产品交易的市场化进程。

2016 年 5 月建筑业营业税改增值税的税收模式改革,标志着以工程造价静态管理向着以建筑企业动态造价管理为核心的重大转变。增值税是对建筑企业只征收增值部分的税收,由于购买原材料和机械等所缴纳的税收不再征收税费,通过返还的方式交还给企业。从而建筑企业收入分为两部分,一部分来源于企业既得收入,一部分来源于返还税款。建筑市场广泛开启了营业税改增值税的税收模式改革,在未来几年或十几年里,对建筑市场的计价方法、计价规则及工程造价架构均会产生深远的影响。增值税不但能有效地避免偷漏税行为,还能促进建筑企业专业化分工,淘汰管理水平不高的建筑企业。现在,正值工程造价理论、计价方法转型期,我国现有工程造价体系尚未能够完全与转型期的政策相匹配,有待进一步解决,例如:

(1)忽视价格机制,计价依据与方法和市场交易方式个别环节脱节。建筑市场对于造价的理解仍然局限于基于施工图的造价,即依据定额以分项工程为基础计算工程费用。这种忽略价格机制的做法,不能充分发挥建筑施工企业在其施工技术方面的主观能动性,计价依据仍按建筑市场通用交易习惯和依据处理。

(2)信息源处理方法与计量计价方式不同步。主要表现为规范、定额、文件、信息价与市场供给价格不同步;招标控制价与工程概算形式与内容价格不同步;暂估价的材料按实结算方法与招标投标约定方法不同步等。

(3)计价依据与管理、承包方式不同步。随着国家推行 PPP 模式和工程总承包(BT、EPC 模式)力度的加大,在施工图纸由总承包商负责时的工程量清单编制与计价仍未见明确规定;财政概算投资对于建筑产品价格的确定是以单项工程或单位工程价格作为计算基础,而实际施工中,通常以"分项工程 + 措施项目"作为计算基础;施工现场的零星工程计量、交叉施工降效、地下工程不确定性、措施项目内容变化、第三方引起的费用计算等均存在模糊管理问题。

1.2 工程项目费用构成

1.2.1 工程项目费用组成内容

按照我国建设工程投资要求,建设工程项目造价主要由以下几部分组成:建筑安装工程费、设备及工器具购置费、工程建设其他费用、预备费、建设期投资贷款利息等构成。建设工程项目造价指工程项目从开始筹建、建设、竣工、试生产期间的所有形成固定资产的投资部分,是建设项目投资者计算投入、融资、建立造价管理目标的基础。工程项目费用组成见表 1-1。

1.2.2 设备及工器具购置费

设备及工器具购置费由设备购置费和工器具及生产家具购置费组成。

设备购置费是指为建设项目购置或自制的达到固定资产标准的各种国产或进口设备、工器具的购置费用。

工器具及生产家具购置费是指新建或扩建项目初步设计规定的,保证初期正常生产必须购置的没有达到固定资产标准的设备、仪器、工卡模具、器具、生产家具和备品备件等的购置费用。

表 1-1　工程项目费用组成

费用项目名称			资产类型
建设项目总投资	固定资产投资费用	工程费用	设备及工器具购置费	
			建筑安装工程费	固定资产
		工程建设其他费用	建设用地费	
			建设管理费	
			可行性研究费	
			勘察设计费	
			环境影响评价费	
			劳动安全卫生评价费	
			场地准备及临时设施费	
			引进技术及引进设备其他费	
			工程保险费	
			特殊设备安全监督检验费	
			生产准备及开办费	
			专利及专有技术使用费	无形资产
			市政公用设施建设及绿化费	递延资产
	预备费用		基本预备费	固定资产
			价差预备费	
	财务费用		建设期利息	固定资产
			流动资金	流动资金

1.2.2.1　设备购置费的构成

1. 国产设备购置费

国产设备购置费由国产设备原价及设备运杂费两部分构成。

1) 国产设备原价

国产标准设备原价一般指的是设备制造厂的交货价,即出厂价。

设备的出厂价分两种情况,一是带有备件的出厂价,二是不带备件的出厂价。在计算设备原价时,应按带备件的出厂价计算。如设备由设备成套公司供应,则应以订货合同为设备原价。

国产非标准设备原价有多种计价方法,如成本计算估价法、系列设备插入估价法、分部组合估价法、定额估价法等。无论采用哪种方法,都应该使非标准设备计价接近实际出厂价,并且计算方法要简便。如按成本计算估价法,非标准设备的原价由以下各项组成:

(1) 材料费,其计算公式为:

$$材料费 = 材料净重(t) \times (1 + 加工损耗系数) \times 每吨材料综合价 \quad (1-1)$$

（2）加工费,包括生产工人工资和工资附加费、燃料动力费、设备折旧费、车间经费等。其计算公式为:

$$加工费 = 设备总质量(t) \times 设备每吨加工费 \qquad (1\text{-}2)$$

（3）辅助材料费(简称辅材费),包括焊条、焊丝、氧气、氩气、氮气、油漆、电石等费用。其计算公式为:

$$辅助材料费 = 设备总质量(t) \times 辅助材料费指标 \qquad (1\text{-}3)$$

（4）专用工具费,按照(1)~(3)项之和乘以一定百分数计算。

（5）废品损失费,按照(1)~(4)项之和乘以一定百分数计算。

（6）外购配套件费,按设备设计图纸所列的外购配套件的名称、型号、规格、数量、质量,根据相应的价格加运杂费计算。

（7）包装费,按照以上(1)~(6)项之和乘以一定百分数计算。

（8）利润,按照(1)~(5)项加第(7)项之和乘以一定利润率计算。

（9）税金,主要指增值税。其计算公式为:

$$增值税 = 当期销项税额 - 进项税额 \qquad (1\text{-}4)$$
$$当期销项税额 = 销售额 \times 适用增值税率 \qquad (1\text{-}5)$$

式中,销售额为(1)~(8)项之和。

（10）非标准设备设计费,按照国家规定的设计费标准计算。

综上所述,单台非标准设备原价可用下面的公式表达:

单台非标准设备原价={[(材料费+加工费+辅助材料费)×(1+专用工具费率)×(1+废品损失率)+外购配套件费]×(1+包装费率)-外购配套件费}×(1+利润率)+销项税金+非标准设备设计费+外购配套件费

$$\qquad (1\text{-}6)$$

2）国产设备运杂费

国产设备运杂费一般指由设备制造厂交货地点起至工地仓库(或施工组织设计指定的需要安装设备的堆放地点)止所发生的运输费、装卸费、供销手续费(发生时计算)和建设单位(或工程承包商)的采购与仓库保管费等。

设备运杂费一般按设备原价乘以设备运杂费率计算,其中设备运杂费率视具体交通运输情况或按各部门及省、市规定情况确定。

2. 进口设备购置费

进口设备购置费由进口设备抵岸价及进口设备国内运杂费两部分构成。

1）进口设备抵岸价

进口设备抵岸价是指抵达买方边境港口或车站,且交完关税以后的价格。进口设备抵岸价的构成与进口设备的交货方式有关。

（1）进口设备交货方式。进口设备交货方式可分为内陆交货类、目的地交货类、装运港交货类三种。

内陆交货类,即卖方在出口国内陆的某个地点交货,卖方及时提交合同规定的货物和有关凭证,并负担交货前的一切费用和风险;买方按时接收货物,交付货款,负担交货后的一切费用和风险,并自行办理出口手续和装运出口。货物的所有权也在交货后由卖方移给买方。

目的地交货类,即卖方在进口国的港口或内地交货,有目的港船上交货价、目的港船边交货价(FOS)和目的港码头交货价(关税已付)及完税后交货价(进口国的指定地点)等几种交货价。它们的特点是:买卖双方承担的责任、费用和风险是以目的地约定交货点为界线,只有当卖方在交货点将货物置于买方控制下才算交货,才能向买方收取货款。这种交货类别对卖方来说承担的风险较大,在国际贸易中卖方一般不愿采用。

装运港交货类,即卖方在出口国装运港交货,主要有装运港船上交货价(FOB,习惯称离岸价格)、运费在内价(C&F)和运费、保险费在内价(CIF,习惯称到岸价格)。它们的特点是卖方按照约定的时间在装运港交货,只要卖方把合同规定的货物装船后提供货运单据便完成交货任务,可凭单据收回货款。

装运港船上交货(FOB)是我国进口设备采用最多的一种货价。采用船上交货价时卖方的责任是:在规定的期限内,负责在合同规定的装运港口将货物装上买方指定的船只,并及时通知买方;负担货物装船前的一切费用和风险,负责办理出口手续;提供出口国政府或有关方面签发的证件;负责提供有关装运单据。买方的责任是:负责租船或订舱,支付运费,并将船期、船名通知卖方;负担货物装船后的一切费用和风险;负责办理保险及支付保险费用,办理在目的港的进口和收货手续;接受卖方提供的有关装运单据,并按合同规定支付货款。

(2)进口设备抵岸价的构成。进口设备如采用装运港船上交货方式,其抵岸价构成主要包括货价、国际运费、国际运输保险费、银行财务费、外贸手续费、进口关税、增值税、消费税、海关监管手续费等,即

$$进口设备抵岸价 = 货价 + 国际运费 + 国际运输保险费 + 银行财务费 + 外贸手续费 + \\ 进口关税 + 增值税 + 消费税 + 海关监管手续费 \qquad (1\text{-}7)$$

2)进口设备国内运杂费

进口设备国内运杂费指进口设备由我国到岸港口、边境车站起至工地仓库(或施工组织设计指定的需要安装设备的堆放地点)止所发生的运输费、装卸费、采购与仓库保管费等。国内运杂费一般按进口设备抵岸价乘以设备运杂费率计算,其中设备运杂费率视具体交通运输情况或按各部门及省、市规定情况确定。

1.2.2.2 工器具及生产家具购置费

工器具及生产家具购置费是指新建或扩建项目初步设计规定的,保证初期正常生产必须购置的没有达到固定资产标准的设备、仪器、工卡模具、器具、生产家具和备品备件等的购置费用。计算公式为:

$$工器具及生产家具购置费 = 设备购置费 \times 定额费率 \qquad (1\text{-}8)$$

1.2.3 建筑安装工程费用组成

根据住房和城乡建设部及财政部〔2013〕44号文《建筑安装工程费用组成》的规定,建筑安装工程费用组成分为两种形式,一种是按构成费用要素形式,一种是按《建设工程工程量清单计价规范》(GB 50500—2013)中规定的造价形式,两种分类方法子项内容一致,具体如下。

1.2.3.1　按照费用要素划分

建筑安装工程费按照费用要素划分为人工费、材料(包含工程设备,下同)费、施工机具使用费、企业管理费、利润、规费和税金。其中,人工费、材料费、施工机具使用费、企业管理费和利润包含在分部分项工程费、措施项目费、其他项目费中。

1. 人工费

人工费是指按工资总额构成规定,支付给从事建筑安装工程施工的生产工人和附属生产单位工人的各项费用。内容包括:

(1)计时工资或计件工资。是指按计时工资标准和工作时间或对已做工作按计件单价支付给个人的劳动报酬。

(2)奖金。是指对超额劳动和增收节支支付给个人的劳动报酬,如节约奖、劳动竞赛奖等。

(3)津贴补贴。是指为了补偿职工特殊或额外的劳动消耗和因其他特殊原因支付给个人的津贴,以及为了保证职工工资水平不受物价影响支付给个人的物价补贴。如流动施工津贴、特殊地区施工津贴、高温(寒)作业临时津贴、高空津贴等。

(4)加班加点工资。是指按规定支付的在法定节假日工作的加班工资和在法定工作时间外延时工作的加点工资。

(5)特殊情况下支付的工资。是指根据国家法律、法规和政策规定,因病、工伤、产假、计划生育假、婚丧假、事假、探亲假、定期休假、停工学习、执行国家或社会义务等原因按计时工资标准或计时工资标准的一定比例支付的工资。

2. 材料费

材料费是指施工过程中耗费的原材料、辅助材料、构配件、零件、半成品或成品、工程设备的费用。内容包括:

(1)材料原价。是指材料、工程设备的出厂价格或商家供应价格。

(2)运杂费。是指材料、工程设备自来源地运至工地仓库或指定堆放地点所发生的全部费用。

(3)运输损耗费。是指材料在运输装卸过程中不可避免的损耗。

(4)采购及保管费。是指为组织采购、供应和保管材料、工程设备的过程中所需要的各项费用,包括采购费、仓储费、工地保管费、仓储损耗。

工程设备是指构成或计划构成永久工程一部分的机电设备、金属结构设备、仪器装置及其他类似的设备和装置。

3. 施工机具使用费

施工机具使用费是指施工作业所发生的施工机械、仪器仪表使用费或其租赁费。

1)施工机械使用费

施工机械使用费以施工机械台班耗用量乘以施工机械台班单价表示,施工机械台班单价应由下列七项费用组成:

(1)折旧费。是指施工机械在规定的使用年限内,陆续收回其原值的费用。

(2)大修理费。是指施工机械按规定的大修理间隔台班进行必要的大修理,以恢复其正常功能所需的费用。

（3）经常修理费。是指施工机械除大修理外的各级保养和临时故障排除所需的费用。包括为保障机械正常运转所需替换设备与随机配备工具附具的摊销和维护费用，机械运转中日常保养所需润滑与擦拭的材料费用及机械停滞期间的维护和保养费用等。

（4）安拆费及场外运费。安拆费指施工机械（大型机械除外）在现场进行安装与拆卸所需的人工、材料、机械和试运转费用及机械辅助设施的折旧、搭设、拆除等费用；场外运费指施工机械整体或分体自停放地点运至施工现场或由一施工地点运至另一施工地点的运输、装卸、辅助材料及架线等费用。

（5）人工费。是指机上司机（司炉）和其他操作人员的人工费。

（6）燃料动力费。是指施工机械在运转作业中所消耗的各种燃料及水、电等。

（7）税费。是指施工机械按照国家规定应缴纳的车船使用税、保险费及年检费等。

2）仪器仪表使用费

仪器仪表使用费是指工程施工所需使用的仪器仪表的摊销及维修费用。

4. 企业管理费

企业管理费是指建筑安装企业组织施工生产和经营管理所需的费用，内容包括：

（1）管理人员工资。是指按规定支付给管理人员的计时工资、奖金、津贴补贴、加班加点工资及特殊情况下支付的工资等。

（2）办公费。是指企业管理办公用的文具、纸张、账表、印刷、邮电、书报、办公软件、现场监控、会议、水电、烧水和集体取暖降温（包括现场临时宿舍取暖降温）等费用。

（3）差旅交通费。是指职工因公出差、调动工作的差旅费、住勤补助费，市内交通费和误餐补助费，职工探亲路费，劳动力招募费，职工退休、退职一次性路费，工伤人员就医路费，工地转移费及管理部门使用的交通工具的油料、燃料等费用。

（4）固定资产使用费。是指管理和试验部门及附属生产单位使用的属于固定资产的房屋、设备、仪器等的折旧、大修、维修或租赁费。

（5）工具用具使用费。是指企业施工生产和管理使用的不属于固定资产的工具、器具、家具、交通工具和检验、试验、测绘、消防用具等的购置、维修和摊销费。

（6）劳动保险和职工福利费。是指由企业支付的职工退职金、按规定支付给离休干部的经费，集体福利费、夏季防暑降温、冬季取暖补贴、上下班交通补贴等。

（7）劳动保护费。是企业按规定发放的劳动保护用品的支出。如工作服、手套、防暑降温饮料及在有碍身体健康的环境中施工的保健费用等。

（8）检验试验费。是指施工企业按照有关标准规定，对建筑及材料、构件和建筑安装物进行一般鉴定、检查所发生的费用，包括自设实验室进行试验所耗用的材料等费用。不包括新结构、新材料的试验费，对构件做破坏性试验及其他特殊要求检验试验的费用和建设单位委托检测机构进行检测的费用。对此类检测发生的费用，以建设单位在工程建设其他费用中列支。但对施工企业提供的具有合格证明的材料进行检测不合格的，该检测费用由施工企业支付。

（9）工会经费。是指企业按《中华人民共和国工会法》规定的全部职工工资总额比例计提的工会经费。

（10）职工教育经费。是指按职工工资总额的规定比例计提，企业为职工进行专业技术和职业技能培训，专业技术人员继续教育、职工职业技能鉴定、职业资格认定及根据需要对职工进行各类文化教育所发生的费用。

（11）财产保险费。是指施工管理用财产、车辆等的保险费用。

（12）财务费。是指企业为施工生产筹集资金或提供预付款担保、履约担保、职工工资支付担保等所发生的各种费用。

（13）税金。是指企业按规定缴纳的房产税、车船使用税、土地使用税、印花税、城市维护建设税、教育费附加及地方教育附加等。

（14）其他。包括技术转让费、技术开发费、投标费、业务招待费、绿化费、广告费、公证费、法律顾问费、审计费、咨询费、保险费等。

5. 利润

利润是指施工企业完成所承包工程获得的盈利。

6. 规费

规费是指按国家法律、法规规定，由省级政府和省级有关权力部门规定必须缴纳或计取的费用。包括社会保险费、住房公积金和工程排污费。

1）社会保险费

（1）养老保险费。是指企业按照规定标准为职工缴纳的基本养老保险费。

（2）失业保险费。是指企业按照规定标准为职工缴纳的失业保险费。

（3）医疗保险费。是指企业按照规定标准为职工缴纳的基本医疗保险费。

（4）生育保险费。是指企业按照规定标准为职工缴纳的生育保险费。

（5）工伤保险费。是指企业按照规定标准为职工缴纳的工伤保险费。

2）住房公积金

住房公积金是指企业按规定标准为职工缴纳的住房公积金。

3）工程排污费

工程排污费是指企业按规定缴纳的施工现场工程排污费。

其他应列而未列入的规费，按实际发生计取。

7. 税金

税金是指国家税法规定的应计入建筑安装工程造价内的税金（增值税）。

1.2.3.2　按造价形成划分

在我国全部或部分国有投资项目中，必须按照工程量清单形式进行招标投标、合同定价、工程结算等全过程造价管理，以工程量清单为主的造价文件编制形式在《建设工程工程量清单计价规范》（GB 50500—2013）中有明确的要求与规定。为方便过程管理，各单位工程均以分项工程作为清单列项单位，以完成的分项工程作为工程量计量计价的依据。

建筑安装工程费按照工程量清单的造价形式分为分部分项工程费、措施项目费、其他项目费、规费、税金。各部分费用均包含人工费、材料费、施工机具使用费、企业管理费和利润（见图1-2）。

1. 分部分项工程费

分部分项工程费是指各专业工程的分部分项工程应予列支的各项费用。通常分部分项工程列明的项数应以明确的施工图纸作为基础，直接构成工程实体项目的费用。施工图纸未列明或需二次深化设计的分项工程，需按暂估项列入第三部分其他项目清单中。

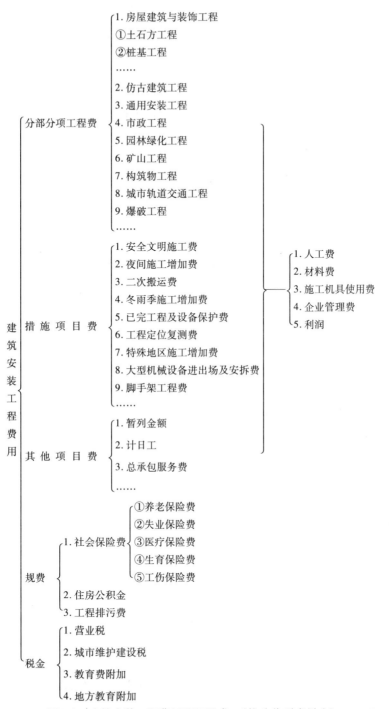

图1-2 建筑安装工程费用项目组成 （按造价形成划分）

（1）专业工程。是指按现行国家计量规范划分的房屋建筑与装饰工程、仿古建筑工程、通用安装工程、市政工程、园林绿化工程、矿山工程、构筑物工程、城市轨道交通工程、爆破工程等各类工程。

（2）分部分项工程。是指按现行国家计量规范对各专业工程划分的项目。如房屋建筑与装饰工程划分的土石方工程、地基处理与桩基工程、砌筑工程、钢筋及钢筋混凝土工程等。

各类专业工程的分部分项工程划分见现行国家或行业计量规范。

2. 措施项目费

措施项目费是指为完成建设工程施工，发生于该工程施工前和施工过程中的技术、生活、安全、环境保护等方面的费用，通常指不直接构成实体工程的内容，包括以下几项。

1）安全文明施工费

（1）环境保护费。是指施工现场为达到环保部门要求所需要的各项费用。

（2）文明施工费。是指施工现场文明施工所需要的各项费用。

（3）安全施工费。是指施工现场安全施工所需要的各项费用。

（4）临时设施费。是指施工企业为进行建设工程施工所必须搭设的生活和生产用的临时建筑物、构筑物和其他临时设施费用。包括临时设施的搭设、维修、拆除、清理或摊销等费用。

2）夜间施工增加费

夜间施工增加费是指因夜间施工所发生的夜班补助费、夜间施工降效、夜间施工照明设备摊销及照明用电等费用。

3）二次搬运费

二次搬运费是指因施工场地条件限制而发生的材料、构配件、半成品等一次运输不能到达堆放地点，必须进行二次或多次搬运所发生的费用。

4）冬雨季施工增加费

冬雨季施工增加费是指在冬季或雨季施工需增加的临时设施、防滑、排除雨雪，人工及施工机械效率降低等费用。

5）已完工程及设备保护费

已完工程及设备保护费是指竣工验收前，对已完工程及设备采取的必要保护措施所发生的费用。

6）工程定位复测费

工程定位复测费是指工程施工过程中进行全部施工测量放线和复测工作的费用。

7）特殊地区施工增加费

特殊地区施工增加费是指工程在沙漠或其边缘地区、高海拔、高寒、原始森林等特殊地区施工增加的费用。

8）大型机械设备进出场及安拆费

大型机械设备进出场及安拆费是指机械整体或分体自停放场地运至施工现场或由一个施工地点运至另一个施工地点，所发生的机械设备进出场运输、转移费用及机械在施工现场进行安装、拆卸所需的人工费、材料费、机械费、试运转费和安装所需的辅助设施的费用。

9）脚手架工程费

脚手架工程费是指施工需要的各种脚手架搭设、拆除、运输费用及脚手架购置费的摊销（或租赁）费用。

措施项目及其包含的内容详见各类专业工程的现行国家或行业计量规范。

3. 其他项目费

（1）暂列金额。是指建设单位在工程量清单中暂定并包括在工程合同价款中的一笔款项。用于施工合同签订时尚未确定或者不可预见的所需材料、工程设备、服务的采购，施工中可能发生的工程变更、合同约定调整因素出现时的工程价款调整及发生的索赔、现场签证确认等的费用。

（2）计日工。是指在施工过程中，施工企业完成建设单位提出的施工图纸以外的零星项目或工作所需的费用。

（3）总承包服务费。是指总承包人为配合、协助建设单位进行的专业工程发包，对建设单位自行采购的材料、工程设备等进行保管及施工现场管理、竣工资料汇总整理等服务所需的费用。

4. 规费

规费是指按国家法律、法规规定，由省级政府和省级有关权力部门规定必须缴纳或计取的费用。

5. 税金

税金是指国家税法规定的应计入建筑安装工程造价内的税金（增值税）。

1.2.4　工程建设其他费用

工程建设其他费用是指从工程筹建起到工程竣工验收交付生产或使用止的整个建设期间，除建筑安装工程费用和设备及工器具购置费用外的，为保证工程建设顺利完成和交付使用后能够正常发挥效益或效能而发生的各项费用。

《建设项目总投资组成及其他费用规定》中规定工程建设其他费用组成如下。

1.2.4.1　建设用地费

建设用地费是指按照《中华人民共和国土地管理法》等规定，建设项目征用土地或租用土地应支付的费用。包括土地征用及迁移补偿费和土地使用权出让金。

1. 土地征用及迁移补偿费

土地征用及迁移补偿费是指建设项目通过划拨方式取得无限期的土地使用权，依照《中华人民共和国土地管理法》等规定所支付的费用。包括土地补偿费；青苗补偿费和被征用土地上的房屋、水井、树木等附着物补偿费；安置补助费；耕地占用税或城镇土地使用税、土地登记费及征地管理费；征地动迁费和水利水电工程水库淹没处理补偿费等。其总和一般不得超过被征土地年产值的 30 倍。

2. 土地使用权出让金

土地使用权出让金是指建设项目通过土地使用权出让方式，取得有限期的土地使用权，依照《中华人民共和国城镇国有土地使用权出让和转让暂行条例》规定支付的土地使用权出让金。

1.2.4.2　建设管理费

建设管理费是指建设单位从项目筹建开始直至办理竣工决算为止发生的项目建设管理费用，包括建设单位管理费和工程监理费。

1.建设单位管理费

建设单位管理费是指建设单位发生的管理性质的开支。包括工作人员工资、工资性补贴、施工现场津贴、职工福利费、住房基金、基本养老保险费、基本医疗保险费、失业保险费、工伤保险费、办公费、差旅交通费、劳动保护费、工具用具使用费、固定资产使用费、必要的办公及生活用品购置费、必要的通信设备及交通工具购置费、零星固定资产购置费、招募生产工人费、技术图书资料费、业务招待费、设计审查费、工程招标费、合同契约公证费、法律顾问费、咨询费、工程质量监督检测费、审计费、完工清理费、竣工验收费、印花税和其他管理性质开支。

2.工程监理费

工程监理费是指建设单位委托工程监理单位实施工程监理的费用。

1.2.4.3 可行性研究费

可行性研究费是指在建设项目前期工作中,编制和评估项目建议书(或预可行性研究报告)、可行性研究报告所需的费用。

1.2.4.4 研究试验费

研究试验费是指为本建设项目提供或验证设计数据、资料等进行必要的研究试验及按照设计规定在建设过程中必须进行试验、验证所需的费用。但不包括:

(1)应由科技三项费用(新产品试制费、中间试验费和重要科学研究补助费)开支的项目。

(2)应在建筑安装费用中列支的施工企业对建筑材料、构件和建筑物进行一般鉴定、检查所发生的费用及技术革新的研究试验费。

(3)应由勘察设计费或工程费用中开支的项目。

1.2.4.5 勘察设计费

勘察设计费是指委托勘察设计单位进行工程水文地质勘察、工程设计所发生的各项费用。包括:

(1)工程勘察费。

(2)初步设计费和施工图设计费。

(3)设计模型制作费。

1.2.4.6 环境影响评价费

环境影响评价费是指按照《中华人民共和国环境保护法》和《中华人民共和国环境影响评价法》等规定,为全面、详细评价本建设项目对环境可能产生的污染或造成的重大影响所需的费用,包括编制环境影响报告书(含大纲)、环境影响报告表和评估环境影响报告书(含大纲)、评估环境影响报告表等所需的费用。

1.2.4.7 劳动安全卫生评价费

劳动安全卫生评价费是指按照人力资源和社会保障部《建设项目(工程)劳动安全卫生监察规定》和《建设项目(工程)劳动安全卫生预评价管理办法》的规定,为预测和分析建设项目存在的职业危险、危害因素的种类和危险危害程度,并提出先进、科学、合理可行的劳动安全卫生技术和管理对策所需的费用。包括编制建设项目劳动安全卫生预评价大纲、劳动安全卫生预评价报告书及为编制上述文件所进行的工程分析和环境现状调查等所需费用。

1.2.4.8　场地准备及临时设施费

场地准备及临时设施费包括场地准备费和临时设施费。

(1)场地准备费是指建设项目为达到工程开工条件所发生的场地平整和建设场地余留的有碍于施工建设的设施进行拆除清理的费用。场地准备及临时设施应尽量与永久性工程统一考虑。

(2)临时设施费是指为满足施工建设需要而供到场地界区的临时水、电、路、通信、气等工程费用和建设单位的现场临时建(构)筑物的搭设、维修、拆除、摊销或建设期间租赁费用,以及施工期间专用公路养护费、维修费。此费用不包括已列入建筑安装工程费用中的施工单位临时设施费用。

1.2.4.9　引进技术和引进设备其他费

引进技术和引进设备其他费包括:

(1)引进项目图纸资料翻译复制费、备品备件测绘费。

(2)出国人员费用。包括买方人员出国设计联络、出国考察、联合设计、监造、培训等所发生的旅费、生活费、制装费等。

(3)来华人员费用。包括卖方来华工程技术人员的现场办公费用、往返现场交通费用、工资、食宿费用、接待费用等。

(4)银行担保及承诺费。指引进项目由国内外金融机构出面承担风险和责任担保所发生的费用,及支付贷款机构的承诺费用。

1.2.4.10　工程保险费

工程保险费是指建设项目在建设期间根据需要对建筑工程、安装工程及机器设备进行投保而发生的保险费用。包括建筑工程一切险和人身意外伤害险、引进设备国内安装保险等。

1.2.4.11　特殊设备安全监督检验费

特殊设备安全监督检验费是指在施工现场组装的锅炉及压力容器、消防设备、燃气设备、电梯等特殊设备和设施,由安全监察部门按照有关安全监察条例和实施细则及设计技术要求进行安全检验,应由建设项目支付的、向安全监察部门缴纳的费用。

1.2.4.12　生产准备及开办费

生产准备及开办费是指建设项目为保证正常生产(或营业、使用)而发生的人员培训费、提前进厂费及投产使用初期必备的生产生活用具、工器具等购置费用。包括以下几项:

(1)人员培训费及提前进厂费。包括自行组织培训或委托其他单位培训的人员工资、工资性补贴、职工福利费、差旅交通费、劳动保护费、学习资料费等。

(2)为保证初期正常生产、生活(或营业、使用)所必需的生产办公、生活家具用具购置费。

(3)为保证初期正常生产(或营业、使用)必需的第一套没有达到固定资产标准的生产工具、器具、用具购置费(不包括备品备件费)。

(4)联合试运转费。指新建项目或新增加生产能力的工程,在交付生产前按照批准的设计文件所规定的工程质量标准和技术要求,进行整个生产线或装置的负荷联合试运转或局部联动试车所发生的费用净支出(试运转支出大于收入的差额部分费用,以及必要的工业炉烘炉费)。

试运转支出包括试运转所需原材料、燃料及动力消耗、低值易耗品、其他物料消耗、工具用具使用费、机械使用费、保险金、施工单位参加试运转人员工资及专家指导费等。

试运转收入包括试运转期间的产品销售收入和其他收入。

联合试运转费不包括应由设备安装工程费用开支的调试及试车费用,以及在试运转中暴露出来的因施工原因或设备缺陷等发生的处理费用。

1.2.4.13　专利及专有技术使用费

(1)国外设计及技术资料费、引进有效专利、专有技术使用费和技术保密费。

(2)国内有效专利、专有技术使用费用。

(3)商标使用费、特许经营权费等。

1.2.4.14　市政公用设施建设及绿化费

市政公用设施建设及绿化费是指项目建设单位按照项目所在地人民政府有关规定缴纳的市政公用设施建设费,以及绿化补偿费等。

由于历史的原因,我国不同行业和地区在工程建设其他费用的构成及计算上有一定差异,实际工作中,其他费用应计列的项目及计算方法应结合工程项目所在行业及地区当时的具体规定予以确定。

1.2.5　预备费用及建设期贷款利息

1.2.5.1　预备费用

预备费用包括基本预备费和涨价预备费两部分。

1. 基本预备费

基本预备费是指在初步设计和概算中难以预料的费用。

基本预备费包括:进行技术设计、施工图设计和施工过程中,在批准的初步设计范围内所增加的工程及费用;由于一般自然灾害所造成的损失和预防自然灾害所采取的措施费用;工程竣工验收时,为鉴定工程质量,必须开挖和修复的隐蔽工程的费用。

基本预备费的计算方法,一般按工程费用(设备及工器具购置费 + 建筑安装工程费)和工程建设其他费用之和为计算基数,乘以基本预备费率进行计算。

$$\text{基本预备费} = (\text{设备及工器具购置费} + \text{建筑安装工程费} + \text{工程建设其他费用}) \times \text{基本预备费率} \tag{1-9}$$

2. 涨价预备费(价差预备费)

涨价预备费是指对建设工期较长的项目,在建设期内价格上涨可能引起投资增加而预留的费用,亦称为价格变动不可预见费。

涨价预备费以工程费用(设备及工器具购置费 + 建筑安装工程费)为计算基数,根据国家规定的投资综合价格指数,按估算年份价格水平的投资额为基数,采用复利方法计算。

1.2.5.2 建设期贷款利息

建设期贷款利息是指建设项目建设投资中有偿使用部分在建设期间内应偿还的借款利息及承诺费。

除自有资金、国家财政拨款和发行股票外,凡属有偿使用性质的资金,包括国内银行和其他非银行金融机构贷款、出口信贷、外国政府贷款、国际商业贷款、在境内外发行的债券等,均应计算建设期利息。

1.3 工程造价计价体系概述

根据我国工程造价计价的编制和管理权限,我国目前已经形成了由建设法律法规和国家、省(自治区、直辖市)、市建设主管部门的规章、相关政策文件及标准、定额等相互支撑、互为补充的工程造价计价体系。其中,在国有投资体系中,建筑安装工程费用需按照工程量清单规范和定额作为计价的主要依据。

1.3.1 工程量清单计价规范

《建设工程工程量清单计价规范》是根据《中华人民共和国建筑法》《中华人民共和国合同法》《中华人民共和国招标投标法》等法律,以及最高人民法院《关于审理建设工程施工合同纠纷案件适用法律问题的解释》(法释〔2004〕14 号),按照我国工程造价管理改革的总体目标,本着国家宏观调控、市场竞争形成价格的原则制定的建筑安装工程计价类规范性文件。

1.3.1.1 工程量清单及计价规范

我国加入 WTO 后,将工程量清单模式引入了建筑交易市场。2003 年建设主管部门统一发布了《建设工程工程量清单计价规范》(GB 50500—2003),即当工程项目进入招标投标环节时,由投标人按照招标人提供的工程内容、工作范围、施工图纸等编制已标价的工程量清单,作为交易双方招标投标、签订合同、中间结算、竣工验收时的重要依据。工程量清单(Bill Of Quantity,简称 BOQ),英文原意为产品的订单,指表现拟建建筑安装工程项目的分部分项工程项目、措施项目、其他项目、规费项目、税金项目名称以及相应数量的明细标准表格。国家出台的《建设工程工程量清单计价规范》解决了建筑产品分项工程名称、工作内容的口径标准统一问题。从 2003 年开始,清单规范按照建筑市场产品交易的情况不断结合市场情况进行修订改版,2013 年出台的《建设工程工程量清单计价规范》(GB 50500—2013)(简称《计价规范》)中规定统一项目编码、项目名称、计量单位,以及工程量计算规则进行编制,作为编制工程造价的核心依据。为简化建筑产品工程量的计算,清单中对各分项工程的计算基本以施工图所示内容作为计算依据。由于工程量清单是列明"买方(发包人)"所需购买"建筑产品(分项工程)"的样式与数量的"订单",因此清单中分项工程的工程量计算规则不考虑制作过程中涉及的损耗、辅助工艺等,仅规范并统一了拟需或实际完成的"建筑产品"工程量计算规则,以及该项建筑产品的工程内容、产品特征、产品名称等。按照我国建筑产品交易的规则与体制,规范要求各子项对应的"建筑产品"基准单价类别为综合单价,包括人工费用、材料费用、机械费用、管理费用、利润风险等。

1.3.1.2 工程定额

定额是指生产单位合格建筑产品,在合理的技术水平及组织措施下所消耗的人工、材料、机械的消耗量和合理价格。通常显示一定水平下的建筑产品的消耗量叫作计量定额;显示建筑产品在一定水平下的基准价格称为计价定额。一般来说,在技术与管理水平并未出现大的突破时,建筑产品的消耗量具有相当大的稳定性。然而价格则具有随着时间变化的动态性,因此计价定额中的人工、材料、机械的单价需根据建设地点与建设时间进行动态调整。

我国民用建筑工程定额体系以住房和城乡建设部下设的标准定额司为主要牵头部门,领导的各级政府、各地区、各专业建设主管部门根据不同的要求,提供了不同专业的分项工程的标准消耗量和基准价格。尤其在国有投资项目中,定额基准的价格不仅是国有项目投资、管理、结算、支付、核算的最重要依据,也是建设交易双方确定合同价款的重要参照。通常,统一发行的消耗量定额由国家相关主管部门完成,各分项工程的基准价格由各省、地方政府建设主管部门制定。定额通常以人工、材料、施工机具使用过程和消耗均一样的综合施工过程作为一个分项工程,因此其分项工程的工作内容与《计价规范》中的内容并不一致。这一点是工程造价初学人员需要重点注意的内容。以建筑工程定额为例,住房和城乡建设部标准定额司修订的 2015 版《房屋建筑与装饰消耗量定额》是各地方编制预算定额的基础。其中,消耗量部分是为各省、直辖市建设主管部门计算分项工程基准价格的依据之一。组成消耗品的单价是根据本地区建筑市场情况及计价习惯确定的,从而形成分项工程的基准价格。

《河南省房屋建筑与装饰工程预算定额》(HA01—31—2016)是河南省内计算民用与工业建筑产品价格的重要依据,是在近期国家出台增值税计价相关文件及《房屋建筑与装饰消耗量定额》基础上重新修订的预算定额,其计价方法和基准单价组成均发生了较大的变化。本书以河南省为例,针对新修订的 2013 版《建设工程工程量清单计价规范》,以《河南省房屋建筑与装饰工程预算定额》(HA01—31—2016,简称定额)为例,根据工程实例对如何编制计价文件进行全过程、全方位的解析。

1.3.1.3 工程量清单计价方法

我国建筑法明确规定,凡国有投资或参与投资项目,以施工图为主的建筑产品交易过程中均以建设方提供工程量清单进行计价,包括编制招标控制价、投标报价、中间结算及竣工结算等。工程量清单计价方法指根据建设方提供的工程量清单,对其中的各分项内容、措施项目等逐项计算每项产品单价,并计算出建设项目所需的全部费用,主要包括分部分项工程费、措施项目费、其他项目费、规费和税金。

计算公式为:

$$C = \sum_{i=1}^{n} c_i p_i + \sum_{j=1}^{4} P_j \tag{1-10}$$

式中 p_i——构成工程实体分项工程和与工程量有关的措施工程量,体现在工程量清单中,编制的依据是招标文件与施工图,体现了建设方对建筑产品的要求、特点及计价子项,其工程量的计算需按照《计价规范》对分项工程计算规则;

c_i——与 p_i 分项工程及工作内容对应的综合单价,包括人工费、材料费、机械费、管理费、利润及风险费,综合单价计算主要根据地方主管部门提供的定额与《建筑工程材料信息价》,或施工企业对可竞争项按照企业定额进行自行报价;

P_j——与实体工程量无关,但必需计入的价格,工程量清单中共分四项,具体内容 P_1 为组织措施项目清单计价总和,P_2 为其他项目清单计价总和,P_3 为规费清单计价总和,P_4 为税金清单计价总和。

工程量清单计价程序见表1-2。

表1-2　工程量清单计价程序

工程名称:　　　　　　　　　　　标段:

序号	内容	计算方法	金额(元)
1	分部分项工程费		
1.1		建设单位制招标控制价时,需按招标文件制的工程量清单、省市出台的预算定额计价规定、材料价格信息及相关文件确定,费用需足额计取。	
1.2			
1.3		施工单位计算投标价时,可按企业内部定额、预算定额对清单中的各项工程综合单价自行报价。	
1.4			
1.5		结算时按合同双方约定的单价,工程量按实际完成内容。分项工程价格 = 工程量×单价	
2	措施项目费		
2.1	其中:安全文明施工费	按规定标准计算	
3	其他项目费		
3.1	其中:暂列金额	招标人按计价规定估算、投标人按招标人填写金额,结算时按实结算	
3.2	其中:专业工程暂估价		
3.3	其中:计日工	招标控制价按规定估算、投标人自主报价,结算时按合同约定	
3.4	其中:总承包服务费		
3.5	索赔与签证	仅限结算时使用,按双方约定	
4	规费	按规定标准计算	
5	税金(扣除不列入计税范围的工程设备金额)	(1+2+3+4)×规定税率	

招标控制价合计 = 1 + 2 + 3 + 4 + 5

1.3.2　工程造价依据

工程造价分为前期造价与实施期造价两个不同内容。前期造价完成主体是建设方或设计方,主要指工程的估算、概算,是从投资角度考虑,估算内容为第1.2节(工程费用构成)全部内容。一般用指标估算或主要分项工程粗略估算,要求精度不高,误差在20%以内即可。实施期造价是项目主体施工招标投标开始,直到最后竣工结算,并随着工程进展不断深化,最后形成最终价格。本书仅以实施期造价作为重点阐述内容。

1.3.2.1 《计价规范》简介

工程招标投标时期是承发包双方确定工程造价第一阶段,《计价规范》(2013版)是重要的造价依据之一。为规范工程造价计价行为,统一建设工程工程量清单的编制和计价方法,根据《中华人民共和国建筑法》《中华人民共和国合同法》《中华人民共和国招标投标法》等法律法规,制定《建设工程工程量清单计价规范》。全部使用国有资金投资或国有资金投资为主(简称国有资金投资)的工程建设项目,必须采用工程量清单计价。

随着《中华人民共和国社会保险法》《中华人民共和国建筑法》《建筑市场管理条例》《建筑工程施工发承包计价管理办法》的实施与修订,《建设工程工程量清单计价规范》也随之在不断地进行修订。《计价规范》(2013版)是在2008版规范基础上最新修订的工程量清单计价规范。本书后面提到的《计价规范》均指2013年最新修订发行的。

1. 专业划分

(1)通用册,主要说明建设工程实施全过程中,各阶段、各参与方计价应遵循的守则及相关制度,明确工程参与各方的责任、权利的划分。

(2)房屋建筑与装饰工程,包括房屋建筑中土方工程、地下及桩基、砌筑及钢筋混凝土工程、防水、隔热、装饰装修工程等。

(3)仿古建筑工程。

(4)通用安装工程。

(5)市政工程。

(6)园林绿化工程。

(7)矿山工程。

(8)构筑物工程。

(9)城市轨道交通工程。

(10)爆破工程。

2. 工程量清单计价格式

《计价规范》中,对建设工程全过程计价管理的各个阶段的计价文件格式进行了统一规定。主要有以下内容:

1)封面

招标工程量清单、招标控制价、投标总价、竣工结算书、工程造价鉴定意见书的封面上,需列明计价文件的具体工程名称、工程编号、编制责任主体,并需要加盖责任主体单位公章。若委托第三方编制,则需盖第三方企业公章。详见《计价规范》。

2)扉页

招标工程量清单、招标控制价、投标总价、竣工结算书、工程造价鉴定意见书的扉页上,主要标明(单位)工程名称、价格结果、企业责任主体、计价文件编制人、责任人主体、责任人与企业的资质章、时间等;扉页中的造价企业资质章和注册人员的执业资格章具体见清单计价规范表。

3）总说明

主要包括：工程概况，指建设地址、建设规模、工程特征、交通状况、环保要求等；工程发包、分包范围；工程量清单编制依据，采用的行业标准、施工图样、标准图集等；使用材料设备施工的特殊要求等；其他要说明的部分。

（1）招标控制价总说明应包括：说明计价文件所使用的定额名称、信息价时间节点、发布单位、暂估价与暂列金额的材料类别、估算依据等，施工组织设计的依据和规范、综合单价中风险因素、风险范围和承担等。

（2）投标报价总说明的内容：计价依据，包括定额名称、单价来源、风险系数。

（3）竣工结算总说明的内容应包括：工程概况、编制依据、工程变更、工程价款调整、索赔及其他等。

4）工程计价汇总表

计价文件的组成部分由单项工程、单位工程、分部工程、分项工程逐步细化，并汇总到表格中。

5）分部分项工程和措施项目清单计价表

分部分项工程和措施项目是建筑产品价格中直接用于工程实体的项目，按我国传统计价方式，分部分项和措施项目的费用以建设产品所在地建设主管部门发布的定额、文件、信息价作为计算依据，是工程造价中最核心内容。

分部分项工程量清单中，按照《计价规范》列明建设工程的项目编码、项目名称、项目特征、计量单位及工程量。其中，工程量计算的依据必需按照清单中计算规则完成，竣工结算时，竣工结算工程量计算方法同清单中工程量计算方法。

招标控制价中的分部分项工程量清单与措施项目清单计价表中，除项目编码、项目名称、项目特征、计量单位、工程量外，还需将每个分项工程量的预测综合单价及合价内容列出。其中，综合单价与综合单价分析表结果一致，合价为工程量和综合单价的乘积。

投标报价与招标控制价中的分部分项工程量清单与措施项目清单计价表计算方法一致，但其综合单价价格按企业管理情况自行报价，综合单价需与综合单价分析表结果一致。

6）综合单价分析与综合单价调整表

按照招标人发布的工程量清单、《计价规范》，对照分项工程和措施项目的工作内容及项目特征，按照本地定额（企业定额）、信息价或相关文件，形成综合单价的过程，是工程计价的核心内容。

7）总价措施项目清单与计价表

项目清单与计价汇总表，招标投标交易阶段，仅包括暂列金额、材料暂估价、计日工表、总包服务费等四项。随着工程的实施，到结算阶段，暂列金额、材料暂估价由实际完成的金额与材料价格替代。

8）其他项目计价表

主要针对的是在建设工程交易时，施工图不完整或不能明确的材料价格、分部分项工程，需要后期逐步完善的相关费用。按我国造价管理要求，需按照一定程序将该部分价格

在后期结算时予以补充完整。相应表格包括:

(1)暂列金额明细表:是指招标投标时,在施工图、环境、政策不能确定的情况下的分项工程的价格。由招标人进行估算,投标人对该部分不得改动,结算时按双方约定的方法进行结算,并将调整部分列入调整表中。

(2)材料(工程设备)暂估单价及调整表:是指招标投标时,不能确定材料与工程设备的价格,由招标人进行估算,投标人对该部分不得改动,结算时按双方约定的方法进行结算,并将调整部分列入调整表中。

(3)专业工程暂估价及结算价表:是指招标投标时,由于施工图、环境、政策不能确定的分包工程的价格。由招标人进行估算,投标人对该部分不得改动,结算时按双方约定的方法进行结算,并将调整部分列入调整表中。

(4)计日工表:是指零星用工的工日价格,工程量由招标人估算,招标控制价中以工程所在地建设主管部门发布信息价为准。投标人企业自定,结算时以实际发生工作量(工日)乘以中标人投标时在该表中的相应工种的工日单价计算。

(5)总承包服务费表:是指总承包单位向分包单位提取的管理费。招标控制价计算按当地定额与文件规定计取,投标报价由企业自定费率,计入工程总价。

(6)索赔与现场计价汇总表:是指建设工程实施时,施工方由于非自身原因造成的费用损失,需经监理及业主审核同意后计入结算价。

9)现场签证表

现场签证表是指工程变更导致价格增加和减少的费用,需经监理及业主审核同意后计入结算价。

10)规费税金项目计价表

规费主要指社会保险费、住房公积金、工程排污费等。

其中社会保险费包括养老保险费、失业保险费、医疗保险费、工伤保险费、生育保险费等。

税金指建筑企业缴纳的税金,清单表格中的税金主要指由增值税的销项税金。

11)工程计量申请核准表

工程量清单对于建设工程交易来说,主要指单价合同,因此结算时,工程量需按实际完成工程量计算。国有投资项目需施工方、监理方、造价咨询方、发包人代表共同完成确定。

12)合同价款支付申请表

合同价款支付申请表主要包括预付款支付申请表、总价项目进度款支付分解表、进度款支付申请表、竣工结算款支付申请(核准)表及最终结清支付申请表。

13)主要材料、工程设备一览表

发包人提供的主要材料、工程设备一览表主要针对由建设方提供材料设备、施工方负责安装的内容。发包人需填写材料(工程设备)名称、规格、型号、单位、数量、价格、交货方式、送达地点等内容。

承包人提供的主要材料、工程设备一览表主要针对由施工方提供材料设备、施工方负责安装的内容。承包人需填写材料(工程设备)名称、规格、型号、单位、数量、价格、交货方式、送达地点等内容,价格需标明风险系数、基准单价、投标单价、确认单价等内容。

1.3.2.2 《河南省房屋建筑与装饰工程预算定额》(HA01—31—2016)简介

住房和城乡建设部发布的房屋建筑与装饰工程、安装工程、市政工程的《消耗量定额》(TY01—31—2015)、《建筑工程施工机械台班费用编制规则》(2015)及《住房和城乡建设部、财政部关于印发"建筑安装工程费用项目组成"的通知》(建标〔2013〕44 号文)是各省市编制地方定额的核心依据。河南省建设主管部门根据上述文件及相关政策,结合河南省本地建设市场实际价格水平,编制了《河南省房屋建筑与装饰工程预算定额》(HA01—31—2016)。定额由总说明、费用说明、专业说明、目录、册说明、章说明、工程量计算规则等内容组成,计价办法、取费程序等计价规定在总说明中体现。

1.编制依据与适用范围

《河南省房屋建筑与装饰工程预算定额》在总说明中明确了编制依据与适用范围。价格水平为社会平均生产力水平,适用于作为编制新建、扩建、改建工程的招标控制价、投标报价、相关造价文件等,是作为编制审查投资估算指标、设计概算、施工图预算及编制施工方案的重要参考依据。定额中有 HA 标记的内容,指省内子目扩充标记。

2.定额中各项费用组成

定额中各项费用均按动态调整,其中调整指数由河南省、地市建设主管部门按市场情况发布信息价。

1)计价程序

计价程序与《计价规范》要求的计价程序相一致,按工程实际情况分为分部分项工程费用、措施项目费用、其他项目费用、规费、增值税五个部分。其中分部分项工程费用由两部分组成,其中消耗量与《消耗量定额》(TY01—31—2015)完全一致,价格由结合河南省建设市场交易信息平均指标确定,除消耗量、规费、安全文明施工费、税率不可调整外,其他项目均可按实际调整,作为可竞争费用。定额中各分项工程子目的基准价格由人工费、材料费、机械费、措施项目费、安全文明施工费、管理费、规费、其他项目费、利润、税率组成。

2)人工费

人工费是指按河南省工资总额标准构成,支付给从事建筑安装工程施工的生产工人和附属生产单位工人的各项费用。内容包括计时工资或计件工资、奖金、津贴补贴、加班加点工资和特殊情况下支付的工资。按普通工、技工、高级技工的工资标准加权而成,即人工工日单价为普通工 87.1 元,技工 134 元,高级技工 201 元。若人工工资发生变化,则结算时按定额信息动态调整。

3)材料费

材料费是指施工过程中耗费的原材料、辅助材料、构配件、零件、半成品或成品、工程设备的费用,指材料运到工地的一切费用。其中包括运输损耗、运杂费和采购保管费,不含购买材料所能取得的可抵扣增值税进项税。材料单价是结合市场、河南省建设主管部门标准定额站测定的材料价格信息综合取定的价格,为材料送达工地仓库(或现场堆放地点)的工地出库价格,在工程造价不同实施阶段,按信息价或双方约定价格调整。

工程设备是指构成或计划构成永久工程一部分的机电设备、金属结构设备、仪器装置及其他类似的设备和装置。其调整方法与材料费一致。

4)机械费

机械费是指施工作业所发生的施工机械、仪器仪表使用费或其租赁费,以施工机械台班耗用量乘以施工机械台班单价表示。施工机械台班单价应由下面几项组成:折旧费、大修理费、经常修理费、安拆费和城外运费、人工费、燃料动力费、车船使用费与税。河南省定额根据《建设工程施工机械台班(仪器仪表)费用编制规则》(2015)增值税版编制,其中机械台班按134元/工日定价。

5)措施项目费

措施项目费是指为完成建设工程施工,发生于该工程施工前和施工过程中的技术、生活、安全、环境保护等方面的费用。内容包括:

(1)安全文明施工费。按照国家现行的建筑施工安全、施工现场环境与卫生标准和有关规定,购置和更新施工安全防护用具及设施、改善安全生产条件和作业环境及因施工现场扬尘污染防治标准提高所需要的费用,简称安文费。包括环境保护费、文明施工费、安全施工费、临时设施费、扬尘污染防治增加费,以及根据省内实际情况,为施工现场扬尘污染防治标准提高所需增加的费用。

(2)单价类措施费。是指计价定额中规定的,在施工过程中可以计量的措施项目。定额中确定了常规项目的费用,未确定的内容可在河南省或各地市出台的造价文件中进行补充。

①脚手架费。是指施工需要的各种脚手架搭设、拆除、运输费用及脚手架购置费的摊销(或租赁)费用。

②垂直运输费。是指使用垂直运输机械将机具、材料、人员等从地面提升到指定位置所消耗的费用。如塔吊、施工电梯施工时所消耗的人工、燃油、电力、维修等费用。

③超高增加费。是指建筑物超过一定高度,人工因为发生降效而产生的费用。

④大型机械设备进出场及安拆费。是指施工进行时大型机械设备进出场及安拆费。

⑤施工排水及井点降水。是指施工时,排地下水和地表水产生的费用。

(3)其他措施费(费率类):是指计价定额中规定的,在施工过程中不可计量的措施项目。包括夜间施工增加费、二次搬运费、冬雨季施工增加费。河南省定额中,将该部分费用分摊至各个子目中,其中夜间施工增加费占其他措施费总额的25%,二次搬运费占50%,冬雨季施工增加费占25%。

6)安全文明施工费

安全文明施工费包括环境保护费、文明施工费、安全施工费、临时设施费、扬尘污染防治增加费。安全文明施工费属于不可竞争费用,在计价文件中必须按照规定和标准足额计取。

7)管理费

管理费是指建筑安装企业组织施工生产和经营管理所需的费用。内容见第1.2节。以定额基期费用作为基础,按照动态调整原则实行调整。

8）规费

按省内各建筑企业实际需缴纳的"五险一金"（养老保险金、失业保险费、医疗保险费、生育保险费、工伤保险费、住房公积金）分摊至各子目基准价格中。规费属于不可竞争费用，在计价文件中必需按照规定和标准足额计取。

9）其他项目费

对于其他项目费，一般在招标文件中列明要求和计费标准，其中暂列金额经发包方估算后填写。计日工项主要指施工期间零星用工的数量，单价按市场价或投标方自行报价。总承包服务费是指建设工程施工分包商需向总承包商缴纳一定的管理费用，主要按照双方互相承担的风险、责任、权利计取，通常指总承包单位对发包人进行的专业工程发包，发包人自行采购的材料、工程设备等进行保管，以及施工现场管理、竣工验收资料等服务费用。总承包服务费按情况不同以专业承包费用为基数（一般不包含设备采购价格），费率为 1.5% ~ 5%。

10）利润

利润是指施工企业完成所承包工程获得的盈利。

11）税率

增值税率按11%计取。

3. 计价程序

《河南省房屋建筑与装饰工程预算定额》（HA01—31—2016）按照《计价规范》的计价程序深化了分部分项费用及措施项目计算方法及取费基数等，并给出常用的单独项目费用。例如，定额子目中材料单价为运至工地的价格，当实际购买时材料费中不含运费时，可以用定额中的运费费率确定运输费用，之后重新确定材料单价。

【例1-1】 解读定额第133页4-4子目的单面清水砖墙定额子目。

表1-3是从定额4-4中摘取的各项定额样式，表达砌筑一砖厚10 m³清水砖墙的工作内容为调、运、铺砂浆，运砌砖，安放木砖、垫块等。完成上述综合工作的基本价格为4 782.06 元/10 m³，包括人工费 1 792.75 元/10 m³，材料费 1 959.69 元/10 m³，机械使用费45.80 元/10 m³，其他措施费指夜间施工措施费、二次搬运费、冬雨季施工增加费用，三者合计73.37 元/10 m³，安文费 159.47/10 m³元，管理费 328.71 元/10 m³，利润 224.53元/10 m³，规费 197.74 元/10 m³。其中，材料费 = Σ（材料单价×材料消耗量）= 287.50×5.337 + 180.00×2.313 + 5.13×1.06 +（287.50×5.337 + 180.00×2.313 + 5.13×1.06）×0.18% = 1 959.69（元/10 m³）。

《河南省房屋建筑与装饰工程预算定额》在"数量"一栏里的综合工日指每砌筑10 m³的一砖清水墙消耗14.11个合计工日（由普通工、技工、高级技工合计取定），平均消耗5.337千块烧结煤矸石，2.313 m³DM M10型号的干混砌筑砂浆，1.060 m³的水，其他材料费占所有上述费用的0.18%；施工机械使用的干混砂浆罐式搅拌机20 000 L，其消耗为0.232 台班/10 m³。计量单位与清单规范不同，为保证有效数字的数量，使用扩大计量单位。

上述费用均通过单价×消耗量得出,其中调整如下:如 2017 年 1 季度人工费与管理费调整系数为 1.1,则此时计算的每砌筑砖 10 m³ 清水砖墙的人工费为 1 792.75×1.1＝1 972.03(元/10 m³),管理费基准价格调整为 328.71×1.1＝361.58(元/10 m³)。

表 1-3 《河南省房屋建筑与装饰工程预算定额》分项子目样式

工作内容:调、运、铺砂浆,运砌砖,安放木砖、垫块。 (单位:元/10 m³)

定额编号			4－2	4－3	4－4
项目名称			单面清水墙		
			1/2 砖	3/4 砖	1 砖
基价			5 410.44	5 317.38	4 782.06
其中	人工费(元)		2 194.72	2 134.64	1 792.75
	材料费(元)		1 971.07	1 967.72	1 959.69
	机械使用费(元)		39.09	42.84	45.80
	其他措施费(元)		89.91	87.46	73.37
	安文费(元)		195.42	190.10	159.47
	管理费(元)		402.79	391.84	328.71
	利润(元)		275.14	267.66	224.53
	规费(元)		242.30	235.72	197.74
名称	单位	单价(元)	数量		
综合工日	工日	—	(17.29)	(16.82)	(14.11)
烧结煤矸石 240 mm×115 mm×53 mm	千块	287.50	5.585	5.456	5.337
干混砌筑砂浆 DM M10	m³	180.00	1.978	2.163	2.313
水	m³	5.13	1.130	1.100	1.060
其他材料费	%	—	0.180	0.180	0.180
干混砂浆罐式搅拌机(L)20 000	台班	197.40	0.198	0.217	0.232

1.4 实 例

【例 1-2】 某工程项目施工图,按工程量计算的分部分项工程基准价合计为 5 000 万元,其中人工费 1 200 万元,材料费 2 000 万元,其中将装饰材料与安装主材暂定价格 600 万元,机械费 400 万元,管理费 200 万元,安文费 200 万元,利润 250 万元,其他措施费 350 万元,规费 300 万元,其中脚手架、超高费用共计 100 万元。求该项目的招标控制价。以上价格均为不含税价格。

分析:定额第 11 页附表 2 内容,是使用河南省定额编制工程招标控制价(预算价)的一般计价方法。其中所有费用均为裸价,即不含税价格;国有投资或部分国有投资项目,其人工费、管理费调整系数由建设主管部门发布的文件为准。其他工程由建设双方在招标投标过程中按市场情况协商,作为调整系数。单价类措施指的是脚手架、模板、垂直运输等可以用单价×数量来计价的措施。其他措施费指组织措施、二次搬运、夜间施工等不能用数量表达费用的措施。

解:各项费用见表 1-4。

表 1-4　单位工程费用表

序号	费用名称	计算公式	小计(万元)
1	分部分项工程费	1.1+1.2+1.3+1.4+1.5	3 450
1.1	人工费	1 200 万元	1 200
1.2	材料费	2 000 万元(其中暂估 600 万元,可放在 3.1 项中计入)	1 400
1.3	机械费	400 万元	400
1.4	管理费	200 万元	200
1.5	利润	250 万元	250
2	措施项目费	2.1+2.2+2.3	650
2.1	安文费	200 万元	200
2.2	单价类措施	100 万元	100
2.3	其他措施费	350 万元	350
3	其他项目费	3.1	600
3.1	暂定金额	600 万元	600
4	规费	300 万元	300
5	税金	(1+2+3+4)×11%	550
6	合计	1+2+3+4+5	5 550

【例 1-3】 上述工程在施工过程中,发生如下事件:

(1)由于市场价格变化,人工费调整系数为 1.05,管理费调整系数为 1.1,其他基准价格调整不变。

(2)实际购买的装饰材料价格标准与原定的暂估价发生价差,按购买合同,建筑企业实际价款采购额为 850 万元,费率为 17%。合同中约定,可调价款为暂估价内容,人工费可按价格系数按实进行调整,管理费仅就超过 5%内容进行调整,其他费用不变。计算该工程结算价格。

分析:已标价工程量清单的合同,只有暂估价材料可以按实际调整。人工费、管理费调价系数来自于建设主管部门发布的文件,国有投资项目必须以该文件作为调价依据,其他项目调价系数由交易双方协商认定。本题中暂估价、人工费、管理费均为可调项目。人工费正常调整,管理费只调整≥1.05 的部分。可调的材料暂估价 850 万中,实际交易价格是含税价格,因此不含税价格为 850/(1 + 17%)。

计算结果见表 1-5。

表 1-5　单位工程费用表

序号	费用名称	计算公式	小计(万元)
1	分部分项工程费	1.1 + 1.2 + 1.3 + 1.4 + 1.5	3 520
1.1	人工费	1 200 × 1.05 = 1 260(万元)	1 260
1.2	材料费	1 400 万元	1 400
1.3	机械费	400 万元	400
1.4	管理费	200 + 200 × (1.1 - 1.05) = 210 (万元)	210
1.5	利润	250 万元	250
2	措施项目费	2.1 + 2.2 + 2.3	650
2.1	安文费	200 万元	200
2.2	单价类措施	100 万元	100
2.3	其他措施费	350 万元	350
3	其他项目费	3.1	726.50
3.1	暂定金额	850/(1 + 17%) = 726.50(万元)	726.50
4	规费	300 万元	300
5	税金	(1 + 2 + 3 + 4) × 11%	571.62
6	合计	1 + 2 + 3 + 4 + 5	5 768.12

习　题

1. 我国造价管理制度和出台的新政策有哪些?
2. 请列明工程造价的组成内容。
3. 定额基本价格包括哪些内容?

第 2 章　土石方工程与地基处理

　　房屋建筑土石方工程施工内容有场地平整、基坑(槽)、管沟开挖、运输、回填等。按项目管理层次分为两类,第一种是场地土石方,指项目建设方在整个建设项目区域内,根据自然地形与总图设计标高进行建设项目场地的挖填找平,"三通一平"中的场地平整内容属于这一部分;第二种是实体结构基础施工前对基坑的挖、填、找平及为配合施工需要完成的附属施工工艺,如开凿、爆破、筛土等,它是单体工程施工重要组成部分。第二种土石方费用需在工程量清单中作为单体工程的组成,在分项工程列明所需特征并计入价格。实际施工时,土石方工程涉及大量的措施项目,如地面排水、地下降水等,所以土石方工程施工方案是计价的重要依据之一。前期详细的勘察报告和施工图纸,存在不能满足后期施工不可预见性的因素,因此施工方案变更或是工程量改变是大概率事件,都会导致土石方工程预结算价格与工程量发生较大变化,涉及费用增加,风险加大,这是建设方和施工方造价控制的难点和重点之一。河南省建设工程造价实际操作中,为避免争议,清单与定额工程量均以实际发生工程量计算后计入结算价。

2.1　基础知识

2.1.1　基本概念

2.1.1.1　土石方体积换算

　　土石方由于土壤组成、物理性质及力学性质不同,其施工方案选取亦不同,在挖方、运输、回填过程中,需要进行土石方体积的换算。通常基坑(槽)挖方、运输、填方预结算中,一般以自然土方作为计算工程量的依据。其他如筛土、夯填、土方买卖、运输等均需土石方之间的体积换算。换算系数见表2-1。

表 2-1　土石方体积换算系数

名称	虚方体积	松填体积	天然密实体积	夯实后体积
土方	1.00	0.83	0.77	0.67
	1.20	1.00	0.92	0.80
	1.30	1.08	1.00	0.87
	1.50	1.25	1.15	1.00
石方	1.00	0.85	0.65	—
	1.18	1.00	0.76	—
	1.54	1.31	1.00	—

名称	虚方体积	松填体积	天然密实体积	夯实后体积
块石	1.75	1.43	1.00	1.67(码方)
砂	1.07	0.94	1.00	—

注:1. 虚方指未经碾压、堆积时间≤1 年的土壤。
2. 设计密实度超过规定的,填方体积按工程设计要求执行;无设计要求的,按各省、自治区、直辖市或行业建设行政主管部门规定的系数执行。

2.1.1.2 土壤分类表

地质科学工作者建立了对工程土壤及岩石稳定性的分级标准,为岩土工程建设的设计施工及编制定额提供了必要的基本数据,评价方法称为普氏分类法。地质勘察报告、施工图纸中确定土的类别时用普氏分类法进行评价,造价人员用土石方施工方法进行土类别确定,两种评价方法见表2-2。若不能确定土的开挖方法,则以工程地质学中普氏分类法确定土的分类。结算时,可按照实际土石方施工方案,通过签证及补充数据调整工程量及价格。

表 2-2 土壤分类

清单与定额土壤分类		普氏分类	代表性土与岩石	开挖方法
一、二类土		Ⅰ,Ⅱ	粉土、砂土、软土、冲填土、弱盐渍土、软塑红黏土	以锹为主,以条锄为辅助,机械能够全部满载
三类土		Ⅲ	黏土、碎石土、可塑红黏土、硬塑红黏土、强盐渍土、素填土、压实填土	以镐和条锄为主,锹为辅助,机械不能够全部满载或刨松后满载
四类土		Ⅳ	碎石土、坚硬红黏土、超盐渍土、杂填土	以镐和条锄为主,还需撬棍为辅助,机械不能够满载或普遍刨松后满载
极软岩		Ⅴ	全风化的各种岩石各种半成岩	部分用手凿工具、部分用爆破法开挖
软质岩	软岩	Ⅵ,Ⅶ	强风化的坚硬岩或较硬岩中等-强风化的较软岩未风化-微风化的页岩、泥岩、泥质砂岩	用风镐和爆破法开挖
	较软岩	Ⅷ,Ⅸ	中等-强风化的坚硬岩或较硬岩未风化-微风化的凝灰岩、泥灰岩、砂质泥岩	用爆破法开挖

续表 2-2

清单与定额 土壤分类		普氏分类	代表性土与岩石	开挖方法
硬质岩	较硬岩	X	微风化的坚硬岩 未风化-微风化的大理岩、泥灰岩、砂质泥岩	用爆破法开挖
	坚硬岩	XI, XII	未风化-微风化的花岗岩、石英岩、硅质岩等	用爆破法开挖

2.1.2 施工机械

土石方工程主要工作内容是场地平整、挖、运、填等施工,需根据项目场地实际情况和建设方的要求,确定人工与机械的综合施工方案。常用施工方案有两种:一种是人工的挖土、运土、填土,适用于场区内土石方工作量较少或工作面狭小,不适宜机械操作的施工环境;另一种是机械的挖土、运土、填土,适用于大型场地土石方工程和大型基坑开挖。常用机械有推土机、挖掘机、装载机、压路机及自卸汽车等。各机械功能与作用如下:

(1)推土机。是一种由拖拉机驱动的机器,有一宽而钝的水平推铲用以清除土地、道路构筑物或类似的工作。能单独完成挖土、运土和卸土工作,具有操作灵活、转动方便、所需工作面小、行驶速度快等特点。适用于一至三类土的浅挖短运,如场地清理或平整,开挖深度不大的基坑及回填,推筑高度不大的路基等。适合开挖深度 1 m 以内的大型场地平整。

(2)挖掘机。是用铲斗挖掘高于或低于承机面的物料,并装入运输车辆或卸至堆料场的土方机械。挖掘机挖掘的物料主要是土壤、煤、泥沙及经过预松后的土壤和岩石。从近几年工程机械的发展来看,挖掘机的发展相对较快,挖掘机已经成为工程建设中最重要的工程机械之一。挖掘机最重要的三个参数是操作质量(重量)、发动机功率和铲斗斗容。

(3)装载机。是一种广泛用于公路、铁路、建筑、水电、港口、矿山等建设工程的土石方施工机械,用于铲装土壤、砂石、石灰、煤炭等散状物料,也可对矿石、硬土等进行轻度铲挖作业。换装不同的辅助工作装置还可进行推土、起重和其他物料如木材的装卸作业。在道路,特别是在高等级公路施工中,装载机用于路基工程的填挖、沥青混合料和水泥混凝土料场的集料与装料等作业。此外,还可进行推运土壤、刮平地面和牵引其他机械等作业。装载机具有作业速度快、效率高、机动性好、操作轻便等优点。

(4)自卸汽车。指利用本车发动机动力驱动液压举升机构,将其车厢倾斜一定角度卸货,并依靠车厢自重使其复位的专用汽车,土石方工程中需和装载机或挖掘机共同使用完成装载。

2.1.3 放坡与工作面

对地质条件较好,地下水位较低的一类土至四类土来说,放坡是常用的防止边坡塌方的处理措施。土方施工时,为了防止地基下陷、土壁坍塌,需采取技术措施来保证施工安全。根据不同地质环境,常用的土石方施工措施有排水、降水、土方放坡、地基处理、边坡支护、桩基、地下连续墙等。工程前期,在未能确定施工方案的情况下,基坑土石方工程量清单编制及计价仅考虑最简单的土石方措施、放坡及保留工作面。

2.1.3.1 放坡

放坡指开挖深度超过一定限度时,上口开挖宽度必须增大,将土壁做成具有一定坡度的边坡。放坡起点深度指某类别土壤边壁直立不加支撑开挖的最大临界深度。当开挖深度达到放坡起点深度时,就必须采用放坡开挖,并将其边壁做成具有一定坡度的边坡。土方边坡的坡度,以其高度(h)与边坡宽度(b)之比表示,如图 2-1 所示。不同土质的放坡起点深度和放坡坡度见表 2-3。

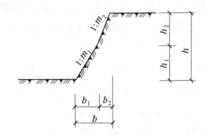

图 2-1　放坡示意图

表 2-3　土方放坡起点深度和放坡坡度

土壤分类	放坡起点深度（m）	放坡坡度			
		人工挖土	机械挖土		
			基坑内作业	基坑上作业	沟槽上作业
一、二类土	1.20	1:0.50	1:0.33	1:0.75	1:0.50
三类土	1.50	1:0.33	1:0.25	1:0.67	1:0.33
四类土	2.00	1:0.10	1:0.10	1:0.33	1:0.25

需要注意以下几个问题:

(1)沟槽、基坑中土类别不同时,分别按其放坡起点深度、放坡坡度,依照不同土类别厚度加权平均计算。

(2)计算放坡时,在交接处的重复工程量不予扣除,原槽、坑做基础垫层时,放坡自垫层上表面开始计算。

(3)土方放坡起点深度和放坡坡度,按施工组织设计计算,施工组织设计无规定时,按表 2-3 计算。

(4)基础土方放坡,自基础(含垫层)底标高算起。原槽、坑做基础垫层时,放坡自垫层上表面开始计算。

(5)混合土质的基础土方,其放坡起点深度和放坡坡度,按不同土类厚度加权平均计算。

(6)计算基础土方放坡时,不扣除放坡交叉处的重复工程量。

(7)基础土方支挡土板时,土方放坡不另行计算。

2.1.3.2　工作面

根据基础施工的需要,挖土时按基础垫层的尺寸向周边放出一定范围的操作面积,作为工人施工时的操作空间,这个单边放出的宽度称为工作面。工程量清单计算时,一般以分部工程的目标产品作为计算工程量的准则,可以不考虑工作面内容。计价时,需考虑具体施工措施,因此需将该部分工程量所增加价格计入综合单价中。实际操作中,为计价方便,避免不必要的纠纷,实际施工前预测工程量将工作面计入。依据《河南省房屋建筑与装饰工程预算定额》(HA01—31—2016),基础施工单面工作面宽度见表2-4。

表2-4　基础施工单面工作面宽度

基础材料	每面增加工作面宽度(mm)
砖基础	200
毛石、方整石基础	250
混凝土基础(支模板)	400
混凝土基础垫层(支模板)	150
基础垂直面做砂浆防潮层	400(自防潮面)
基础垂直面做防水层或防腐层	1 000(自防水层或防腐层)
支挡土板	100(另加)

2.2　《计价规范》土石方工程设置要点

《计价规范》附录 A 将土石方工程分为土方工程、石方工程、回填几个综合施工工艺组成的清单子项。依据《计价规范》中对土石方工程列项,用来说明招标人发包时土石方工程中每一个分项内容的项目特征、施工方需完成的工作内容及预计工程量。施工阶段,承包商若需对常规方案有修改方案,施工前与建设方进行沟通,可重新协议价格,或后期通过变更签证等进行结算。《计价规范》将该部分划分成 13 个子项,有挖方,挖沟槽,挖冻土、挖管沟土石方等,若招标人对该部分施工内容有特殊要求,编制人需在清单项目特征中注明。

2.2.1　土方工程(010101)

土方工程包括平整场地、挖土方两部分。为区分挖土方的工艺特点和施工要求的差异,《计价规范》将挖土方分为挖一般土方,挖沟槽土方,挖基坑土方,挖淤泥、流砂和挖管沟土方。单体工程施工的基坑(槽)土石方工程在项目特征中不仅要列明土壤类别、弃土运距、取土运距,还需注明挖土深度、边坡处理形式。场地土石方工程则需依据方格网图计算工程量。每个分项子目的工作内容、项目特征、设置要点如下。

2.2.1.1 平整场地 010101001

平整场地指建筑物场地厚度在 ±300 mm 以内的挖、填、运、找平。项目特征需列明土壤类别、弃土运距、取土运距。计量单位为 m²,工程量计算按设计图示尺寸以建筑物首层面积计算。该项目仅限于编制单体施工的工程量清单使用。工程内容包括土方挖填、土方找平、运输。在场地土石方工艺、挖除耕作物、推土机推土等工作不属于平整场地的内容。若发生,以"挖一般土方"列项。

2.2.1.2 挖土方

挖一般土方 010101002,挖沟槽土方 010101003,挖基坑土方 010101004,均指挖一类至四类土的工程。清单设置项不考虑开挖工艺,仅说明挖方事项。其中挖一般土方适用于大型土石方工程,也可用于厚度≥300 mm 的竖向布置挖土、挖石、山坡切土、山坡凿石。挖土方工程的项目特征需重点列明土壤类别、弃土运距、取土运距。应注明挖土深度和部位。计量单位为 m³,挖一般土方工程量计算按设计图示计算。挖单体工程基坑土方按设计图示尺寸以基础垫层底面面积乘以挖土深度计算。工程内容包括排地表水、土方开挖、围护及拆除、基底钎探、运输。清单设置及工程量计算要点如下:

(1)挖场地土方或石方时,平均厚度均以方格网图中的自然地面测量标高至设计地坪标高间的平均厚度确定。基础土方开挖深度应按基础垫层底表面标高至交付施工场地标高确定,无交付施工场地标高时,应按自然地面标高确定。沟槽、基坑、一般土石方的划分标准为:底宽小于或等于 7 m 且底长大于 3 倍底宽,为沟槽;底长小于或等于 3 倍底宽,且底面积小于或等于 150 m²,为基坑;超出上述范围则为一般土石方。桩间挖土不扣除桩的体积,并在项目特征中加以描述。

(2)弃土、取土、石渣运距如果不描述,应注明由投标人根据施工现场实际情况自行考虑,决定报价。

(3)土壤的分类应按表 2-2 确定,如土壤类别不能准确划分时,招标人可注明为综合,由投标人根据地质勘察报告决定。

(4)土石方体积应按挖掘前的天然密实体积计算,非天然密实土方应按表 2-1 换算。

(5)挖沟槽、基坑、一般土方,因工作面和放坡增加的工程量(管沟工作面增加的工程量)是否并入各土方工程量中,应按各省、自治区、直辖市或行业建设主管部门的规定实施。如并入各土方工程量中,当办理工程结算时,按经发包人认可的施工组织设计规定计算。河南省编制工程量清单时,均按表 2-3 规定予以计入。

(6)挖土方如需截桩头,应按桩基工程相关项目列项。

2.2.1.3 冻土开挖和挖淤泥、流砂

冻土开挖 010101005,挖淤泥、流砂 010101006,是指按土方施工规范要求,施工中发现有对建筑物有危害的土方,需及时进行处理。这一部分内容施工准备阶段不能判定具体开挖量,因此该部分清单工程量在施工准备阶段仅适用于施工方报价,其工程量计价规

则并不具有现实意义。工程量大小和是否属于淤泥或流砂,施工阶段由监理工程师或建设方总工程师认可后确定。工作内容仅包括开挖、运输。由于流砂、淤泥施工前无法预测,在编制工程量清单时,其工程数量可为1。

冻土工作内容包括爆破、开挖、清理、运输。结算时应根据实际情况由发包人与承包人双方现场签证确认工程量。

2.2.1.4 **管沟土方** 010101007

管沟土方指的是室外工程配合给排水、热工管网及其他地下构筑物的挖土方工程。为方便计价,管沟土方工作内容不但要求有挖土内容,还要有排地表水、围护、支撑、运输、回填等工作内容。计量单位可用 m 或 m³,项目特征应与工作内容对应,需列明土壤类别、管外径、挖沟深度、回填要求等。若有排地表水、围护、支撑措施,清单项目特征应注明。工程量计算按设计图示尺寸以管道中线长度计算;或按设计图示尺寸管道垫层底面面积乘以挖土深度,无管底垫层按管外径水平投影面积乘以挖土深度,不扣除各种井的长度与土方。管沟土石方项目适用于管道(给排水、工业、电力、通信)、光(电)缆沟,包括人(手)孔、接口坑及连接井(检查井)等。

2.2.2 石方工程(010102)

石方工程的清单设置与土方清单设置形式一致,仅对表 2-2 中土壤类别为四类土以上的土壤种类设置,其清单工作内容设置要求与土方工程明显不同的是,石方工程中有开凿要求。其他设置要点同土方工程。具体要求见表 2-5。

表 2-5 石方工程

清单项目编码	项目名称	项目特征	计量单位	清单工程量计算规则	工作内容
010102001	挖一般石方	1. 岩石类别 2. 开凿深度 3. 弃渣运距	m³	按设计图示尺寸以体积计算	排地表水、凿石、运输
010102002	挖沟槽石方			按设计图示尺寸以沟槽(基坑)底面面积乘以挖石深度以体积计算	
010102003	挖基坑石方				
010102004	挖管沟石方	1. 岩石类别 2. 管外径 3. 挖沟深度	1. m 2. m³		排地表水、凿石、回填、运输

2.2.3 回填土(010103)

分为两个清单分项子目:一是回填土,指的是建筑物基坑内充置基础后,要求用一定密实度的土方进行回填;二是余土弃置,指施工现场挖出废弃物品及草本、树根等垃圾物品时,需外运至指定的垃圾堆运处。清单中余土弃置子目并不能满足施工现场要求,其工程量计算方法亦不具有实践意义。实际工程量清单编制时,以理论挖土方减理论回填方作为工程量;施工阶段,双方可按实结算。回填土方密实度要求,在无特殊要求情况下,项目特征可描述为满足设计和规范的要求。填方材料品种可以不描述,但应注明由投标人根据设计要求验方后方可填入,并符合相关工程的质量规范要求。填方粒径要求,在无特殊要求情况下,项目特征可以不描述。如需买土,回填应在项目特征填方来源中描述并注明买土方数量。项目特征中未注明的,土方购买可按实结算。清单设置要点见表2-6。

表 2-6　回填土

清单项目编码	项目名称	项目特征	计量单位	清单工程量计算规则	工作内容
010103001	回填方	1. 密实度要求 2. 填方材料品种 3. 填方粒径要求 4. 填方来源、运距	m³	按设计图示尺寸以体积计算 1. 场地回填:回填面积乘以回填厚度 2. 室内回填:主墙间面积乘以回填厚度,不扣除间隔墙 3. 基础回填:挖方清单工程量减去自然地坪以下埋设的基础体积	运输、回填、压实

2.3　定额子目列项及计价要点

《河南省房屋建筑与装饰工程预算定额》(HA01—31—2016)的第一章内容对应于《计价规范》的土石方工程子目的本地基准价格。定额分项工程价格子目是以建筑产品形成过程中实际消耗为原则的结果,与《计价规范》的分项工程定义相比,工程量计算信息、工作内容更加详细。为使基准价格合理,定额子目列项以施工工艺、施工效果等作为划分依据,尽量使综合施工过程中人工消耗一致,材料、机械基本相同或相似的作为同一子目,消耗量以 2015 版《房屋建筑工程消耗定额》为基准。由于工作内容与《计价规范》规定内容有所不同,补充了施工过程中的各项附属措施,如筛土、打夯等。土石方工程分部工程计价时,现场实际情况及施工方案是计价必要依据之一。

干土、湿土的划分,以地质勘察资料的地下常水位为准。地下常水位以上土体为干土,以下则为湿土。地表水排出后,土壤含水率≥25%时为湿土。含水率超过液限,土和水的混合物呈现流动状态时为淤泥。温度 0 ℃及以下,并夹有冰的土壤为冻土。定额中的冻土,指短时冻土和季节性冻土。

2.3.1　土方分项工程计价要点

定额中的土壤类别、土方挖方等内容与清单内容一致,因此表 2-1～表 2-3 也适用于定额关于土壤类别、土方换算方面的内容。未包括现场障碍物清除、地下常水位以下的施工降水、土石方开挖过程中的地表水排除与边坡支护,实际发生时,另行计算。定额 1-1～1-69 内容对应于《计价规范》土方工程(010101)各子目的基准价格,由于施工人工消耗、工艺不同,定额将土方工程的开挖分为人工开挖与机械开挖,并按照开挖深度不同,设置了不同深度、不同工艺的挖土方基准价格。主要指一类土至三类土施工作业价格。

人工土方价格子目按照挖土深度来设置价格标准,定额用工为普通用工。人工与机械土方工程是运用不同机械配合人工根据场地条件协同作业的施工工艺,为更准确表达不同协同方案的基准价格,定额挖土方工艺拆分为人工(机械)挖土、人工(机械)装土、人工(机械)运土等。按照不同要求进行组价,并根据施工规范要求,明确不同类别的土方采取的工艺的平均价格。定额补充的重要内容如下:

(1)计价时工作面宽度按施工组织设计确定,若施工组织设计无规定,则按表2-4确定。其他情况工作面增加长度补充如下:

①基础施工需搭设脚手架时,基础施工的工作面宽度,条形基础按1.5 m计算(只计算一面),独立基础按0.45 m计算(四面均算)。

②基坑土方大开挖需做边坡支护时,基础施工的工作面宽度按2.00 m计算。

③基坑内施工各种桩时,基础施工的工作面宽度按2.00 m计算。

(2)沟槽、基坑、一般土石方的划分与清单划分相同。

(3)挖掘机(含小型挖掘机)挖土方项目,已综合了挖掘机挖土方和挖掘机挖土后,基底和边坡遗留厚度≤0.3 m的人工清理和修整。使用时不得调整,人工基底清理和边坡修整不另行计算。

(4)小型挖掘机是指斗容量≤0.30 m³的挖掘机,适用于基础(含垫层)底宽≤1.2 m的沟槽土方工程或底面面积≤8 m²的基坑土方工程。

(5)下列土石方工程,执行相应项目时乘以规定的系数:

①土方子目按干土编制。人工挖、运湿土时,相应项目人工乘以系数1.18;机械挖、运湿土时,相应项目人工、机械乘以系数1.15。采取降水措施后,人工挖、运土相应项目人工乘以系数1.09,机械挖、运土不再乘以系数。

②人工挖一般土方、沟槽、基坑深度超过6 m时,6 m<深度≤7 m,按深度6 m相应项目人工乘以系数1.25;7 m<深度≤8 m,按深度≤6 m相应项目人工乘以系数1.252;以此类推。

③挡土板内人工挖槽时,相应项目人工乘以1.43。

④桩间挖土不扣除桩所占体积,相应项目人工、机械乘以系数1.50。

⑤满堂基础垫层底以下局部加深的槽坑,按槽坑相应规则计算工程量,从垫层底向下挖土按自身深度计算。执行相应项目人工、机械乘以系数1.25;槽坑内的土方运输可另列项目计算。

⑥推土机推土,当土层平均厚度小于0.3 m时,相应项目人工、机械乘以系数1.25。

⑦挖掘机在垫板上作业时,相应项目人工、机械乘以系数1.25。挖掘机下铺设垫板、汽车运输道路上铺设材料时,其费用另行计算。

⑧场区(含地下室顶板以上)回填,相应项目人工、机械乘以系数0.90。

⑨沟槽土石方,按设计图示沟槽长度乘以沟槽断面面积,以体积计算。

(6)条形基础的沟槽长度,按设计规定计算;设计无规定时,按下列规定计算:

①外墙沟槽,按外墙中心线长度计算。突出墙面的墙垛,按墙垛突出墙面的中心线长度,并入相应工程量内计算。

②内墙沟槽、框架间墙沟槽,按基础垫层底面净长线计算,突出墙面的墙垛部分的体

积并入沟槽土方工程量。

管道的沟槽长度按设计规定计算;设计无规定时,以设计图示管道中心线长度(不扣除下口直径或边长的1.5 m井池)计算。

定额土方分项子目计价要点见表2-7。

表 2-7　定额土方分项子目计价要点

定额子目	定额名称	计量单位	工程量计算规则	工作内容	计价依据
1 - 1 ～ 1 - 25	人工挖土方	10 m³	按实际发生计算,开挖深度按垫层底标高到设计室外地坪标高确定,交付施工场地标高与设计室外地坪标高不同时,按交付施工场地标高确定,基础(含垫层)尺寸,另加工作面宽度、土方放坡宽度或石方允许超挖量乘以开挖深度,以体积计算	挖土、弃土5 m以内或装土,修整边坡	根据地质条件和施工图纸考虑合理施工方案,预结算时,工作面及放坡工作量需计入
1 - 26	爆破后人工挖冻方			人工打眼、装药、爆破、挖冻土、弃土5 m以内或装土,修整边坡	
1 - 32 ～ 1 - 36	人工挖淤泥、流砂	10 m³		挖、装、运、弃淤泥、流砂,5 m以内修整边坡	由地质条件与施工方案,综合考虑预算,结算时需技术核定单
1 - 37 ～ 1 - 40	推土机推运土	10 m³	按施工方案或实际发生计算	推土、弃土、清理机下余土,维护行驶道路	按施工方案,常用于1 m以下的挖运土
1 - 41、1 - 42	装载机运土方	10 m³	按施工方案或实际发生计算,或按挖土区重心至填方区(或堆放区)重心间的最短距离计算	装土、运土、弃土、清理机下余土,维护行驶道路	按招标文件、清单项目特征、施工方案及现场要求
1 - 43 ～ 1 - 62	机械挖土	10 m³	按实际发生计算,开挖深度按垫层底标高到设计室外地坪标高确定,不同时,按交付施工场地标高确定机械施工坡道的土石方工程量,并入相应工程量内计算	挖土、弃土5 m以内或装土,修整边坡	根据地质条件和施工图纸考虑合理施工方案,预结算时,工作面及放坡工作量需计入

定额子目	定额名称	计量单位	工程量计算规则	工作内容	计价依据
1-63 ~ 1-66	翻斗车、自卸汽车运土	10 m³	按施工方案或实际发生计算或按挖土区重心至填方区(或堆放区)重心间的最短距离计算	运土、弃土、清理机下余土,维护行驶道路	按招标文件、清单项目特征、施工方案及现场要求
1-67 ~ 1-69	机械挖淤泥、流砂	10 m³	按施工方案或实际发生计算	挖、弃、装淤泥、流砂 5 m 以内,修整边坡、清理机下余土	由地质条件与施工图纸、方案,综合考虑预算,结算时需技术核定单

（7）土石方运输,按天然密实体积计算:

①定额中土石方运输按施工现场范围内运输编制。

②土石方运距,按挖土区重心至填方区(或堆放区)重心间的最短距离计算。

③人工、人力车、汽车的负载上坡(坡度 15%)降效因素,已综合在相应运输项目中,不另行计算。推土机、装载机负载上坡时,其降效因素按坡道斜长乘以定额中"重车上坡降效系数表"相应系数计算。

④挖土总体积减去回填土(折合天然密实体积),总体积为正,则为余土外运;总体积为负,则为取土内运。

2.3.2　石方工程

定额 1-70 ~ 1-122 内容是基于规范石方工程(010102)各子目的基准价格,按照施工工艺分为人工凿石、清底、运石渣和机械凿石、清底、运石渣。与第一部分土方工艺不同的是,石方工程施工程序为:将岩石击碎或爆破,清理基底与修整边坡,计算工程量时不能要求按图示或实际计算,应按指定超挖标准计量,结算时超过计量部分需现场监理工程师签字认可。人工按岩石爆破的规定尺寸(含工作面宽度和允许超挖量)以面积计算。

（1）定额 1-70 ~ 1-84,分别是石方施工工艺的人工凿石方、人工清基底、人工清石渣的基准价格。其工程量为设计图示尺寸 + 工作面 + 放坡 + 超挖部分。适用于场内局部石方工程。人工超挖量规定标准如下:岩石的允许超挖量分别为极软岩、软岩 0.20 m,较软岩、较硬岩、坚硬岩 0.15 m。下口直径或边长 >1.5 m 的井池的土石方,按基坑的相应规定计算。该标准仅适用于承发包未有计价依据时的计量标准,实际发生超挖量大于预算工作量需技术核定单确认。工作中,应以地质条件与施工图纸、施工方案和承发包双方协商的价格为准。工作内容包括凿石、清渣、修边、运车。

（2）定额 1-102 ~ 1-122,是机械石方工艺:机械开凿、爆破、机械清理、机械运输的基准价格。其工程量与人工石方工程计算一致,按施工方案或实际发生计算,工作面、超挖部分均需计入。适用于大型石方工程。定额机械为液压锤、液压挖掘机、风动凿石机等综合取定,实际使用时消耗量不变,单价可根据租用合同或机械使用费进行动态调整。综合施工方案中,人工与机械需互相补充、协同完成,计价时需注意。石方工程各项作业的基准价格,只包括 5 m 以内的堆放,若有运输要求,则需另外增加运输费用。

2.3.3 回填土

定额 1 - 123 ~ 1 - 136 分项子目不仅对应《计价规范》010103 回填土的基准价格,又补充了土石方工程中平整场地、基底钎探、筛土、填土、碾压等工艺的基准价格。

(1)平整场地 1 - 123(4),《计价规范》010101001 项,施工工艺不同时的基准价格,是指建筑物所在现场厚度 ≤ ±300 mm 的就地挖、填及平整。挖填土方厚度 > ±300 mm 时,全部厚度按一般土方相应规定计算,但基准价格仍应按平整场地计算。人工场地平整常用于单项工程施工放线前场地洒水、找平等。机械场地平整常用于推土机去除场地表面杂草、浮土等,使用时注意定额取定的综合工艺。除按建筑面积规则计算外,建筑物地下室结构外边线突出首层结构外边线时,其突出部分的建筑面积与首层建筑面积合并计算。当地质条件复杂时,基坑开挖后,要求再对基坑全部或局部进行勘察,称为基底钎探,按实际钎探面积计算工程量,定额对该部分亦给出了明确的基准价格。

(2)回填土 1 - 125 ~ 1 - 136,是对应于各种不同要求回填土相关工艺的基准价格。基础(地下室)周边回填混合材料(不含一般土)时,需执行"第二章地基处理与边坡支护工程"中"地基处理"项目,人工、机械乘以系数 0.90。回填土分为基坑回填与室内地面回填,工程量计算时注意如下要点:

①沟槽、基坑回填,按挖方体积减去设计室外地坪以下建筑物、基础(含垫层)的体积计算。

②管道沟槽回填,按挖方体积减去管道基础和下表管道折合回填体积计算。见定额第 23 页"管道折合回填体积表"。

③房心(含地下室内)回填,按主墙间净面积(扣除连续底面面积 2 m² 以上的设备基础等面积)乘以回填厚度以体积计算。

④场区(含地下室顶板以上)回填,按回填面积乘以平均回填厚度以体积计算。

筛土、原土夯实、机械碾压是场地及基坑回填过程中常用的附属施工工艺,计价要点见表 2-8。

表 2-8　常用补充分项子目计价要点

定额相关子目	定额名称	计量单位	工程量计算规则	工作内容	计价依据
1 - 125	基底钎探	m²	以垫层(或基础)底面面积或实际发生计算	钎孔布置、打拔钎、堵眼	实际发生时计入
1 - 126	筛土	10 m³	按实际发生计算	碎土 5 m 以内取土筛土	
1 - 134 ~ 1 - 136	机械碾压	100 m²	按施工组织设计规定的尺寸,以面积计算	碎土 5 m 以内取土,分层填土、洒水、碾压、平整	施工方案或清单

2.4　实　例

【例2-1】　如图2-2所示为某建设场地土石方方格网,方格边长为 $a = 8$ m,各角点上括号内的数字及下方数字分别为设计标高和实测标高,二类土。试计算该场地土方工程量。

分析:方格网每四个角点均为测定的设计标高和实测标高,即

$$施工高度 = 实测标高 - 设计标高$$

计算时先寻找方格网中正负号不一致的相邻角点。其间的主格线上必有零点,如图2-2中 1—2,2—8,2—9,10—16,16—17,17—23,23—24 这些线上必有零点。主格线上零点计算公式为:

i—j 线的零点与 i 角点的距离为

$$x = \frac{|h_i|}{|h_i| + |h_j|} \times a \tag{2-1}$$

式中　h_i、h_j——i、j 点的施工高程。

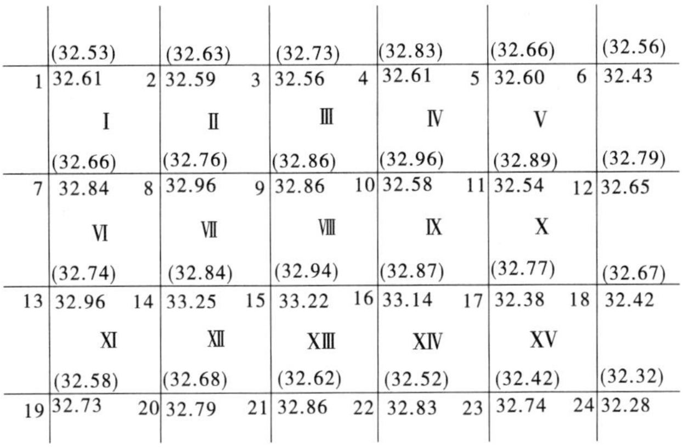

	(32.53)		(32.63)		(32.73)		(32.83)		(32.66)		(32.56)
1	32.61	2	32.59	3	32.56	4	32.61	5	32.60	6	32.43
	I		II		III		IV		V		
	(32.66)		(32.76)		(32.86)		(32.96)		(32.89)		(32.79)
7	32.84	8	32.96	9	32.86	10	32.58	11	32.54	12	32.65
	VI		VII		VIII		IX		X		
	(32.74)		(32.84)		(32.94)		(32.87)		(32.77)		(32.67)
13	32.96	14	33.25	15	33.22	16	33.14	17	32.38	18	32.42
	XI		XII		XIII		XIV		XV		
	(32.58)		(32.68)		(32.62)		(32.52)		(32.42)		(32.32)
19	32.73	20	32.79	21	32.86	22	32.83	23	32.74	24	32.28

图2-2　土方方格网

具体结果标注在图2-3中,连接相邻零点的折线为零线(上方为填方区,下方为挖方区)。

解:计算各方格中挖填方土方量。

(1)当四角均为挖方或填方时,可采用公式

$$V_{填(挖)} = \frac{a^2}{4}(h_1 + h_2 + h_3 + h_4) \tag{2-2}$$

(2)当四角点部分挖、部分填时,可采用公式

$$V_{填(挖)} = \frac{a^2}{4} \times \frac{\left[\sum h_{填(挖)}\right]^2}{\sum h} \tag{2-3}$$

式中　h——施工高度,取绝对值。

土方工程量汇总见表2-9。

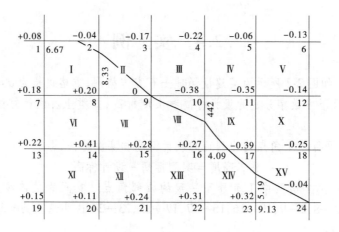

图 2-3　土方方格网零线

表 2-9　土方工程量汇总

方格编号	挖方（m³）	填方（m³）
I	$\dfrac{8^2}{4} \times \dfrac{(0.08+0.18+0.20)^2}{0.50} = 6.77$	$\dfrac{8^2}{4} \times \dfrac{0.04^2}{0.08+0.04+0.18+0.20} = 0.05$
II	$\dfrac{8^2}{4} \times \dfrac{0.2^2}{0.04+0.17+0.20} = 1.56$	$\dfrac{8^2}{4} \times \dfrac{(0.04+0.17)^2}{0.04+0.17+0.20} = 1.72$
III		$\dfrac{8^2}{4} \times (0.17+0.22+0.38) = 12.32$
IV		$\dfrac{8^2}{4} \times (0.22+0.06+0.38+0.35) = 16.16$
V		$\dfrac{8^2}{4} \times (0.06+0.13+0.35+0.14) = 10.88$
VI	$\dfrac{8^2}{4} \times (0.18+0.20+0.22+0.41) = 16.16$	
VII	$\dfrac{8^2}{4} \times (0.20+0.41+0.28) = 14.24$	
VIII	$\dfrac{8^2}{4} \times \dfrac{(0.28+0.27)^2}{0.38+0.28+0.27} = 5.2$	$\dfrac{8^2}{4} \times \dfrac{0.38^2}{0.38+0.28+0.27} = 2.48$
IX	$\dfrac{8^2}{4} \times \dfrac{0.27^2}{0.38+0.35+0.27+0.39} = 0.84$	$\dfrac{8^2}{4} \times \dfrac{(0.38+0.35+0.39)^2}{0.38+0.35+0.27+0.39} = 14.44$

方格编号	挖方(m³)	填方(m³)
X		$\dfrac{8^2}{4} \times (0.35 + 0.14 + 0.39 + 0.25) = 18.08$
XI	$\dfrac{8^2}{4} \times (0.22 + 0.41 + 0.15 + 0.11) = 14.24$	
XII	$\dfrac{8^2}{4} \times (0.41 + 0.28 + 0.11 + 0.24) = 16.64$	
XIII	$\dfrac{8^2}{4} \times (0.28 + 0.27 + 0.24 + 0.31) = 17.6$	
XIV	$\dfrac{8^2}{4} \times \dfrac{(0.27 + 0.31 + 0.32)^2}{0.27 + 0.39 + 0.31 + 0.32} = 10.05$	$\dfrac{8^2}{4} \times \dfrac{0.39^2}{0.27 + 0.39 + 0.31 + 0.32} = 1.89$
XV	$\dfrac{8^2}{4} \times \dfrac{0.32^2}{0.39 + 0.25 + 0.32 + 0.04} = 1.64$	$\dfrac{8^2}{4} \times \dfrac{(0.39 + 0.25 + 0.04)^2}{0.39 + 0.25 + 0.32 + 0.04} = 7.40$
合计	104.94	85.42

【例 2-2】 请以本书附录中综合楼图纸为依据,编制该项目的土方工程工程量清单。

图纸说明:编制工程量清单首先需熟悉图纸,根据附录熟悉以下内容:①建筑结构说明部分;②地下室底板结构图;③地下平面布置图;④地下室防水剖面图。按照土石方工程计算数据要求,可以获得如下信息:

(1)综合办公楼为框架结构,室外地坪标高建筑标高为 −0.300 m,垫层底标高为 −3.800 m。

(2)基础采用有梁式筏板(满堂)基础,外围尺寸为$(5.5 + 0.4) \times (13.2 + 0.4) \times 0.4$,垫层为 C10 素混凝土,地下室外墙有竖向卷材防水及半砖保护层。

(3)根据设计说明,土壤类别属二类土,结构设计说明中土的类别按普氏分类法,结算时可根据实际情况按施工工具开挖方法分类。

(4)按照常用施工方案,该建筑的地下工程,主要采用小型机械开挖,因未见自然地形标高图,开挖深度按 3.5 m 计。工作面每边加 1 000 mm,从垫层底开始放坡。地下水位在 −10 m 以下,属干土。

(5)根据现场要求,余土需外运至场内 300 m 的土方堆运处。

(6)《计价规范》中计算方法与定额工程量计算规则有所偏差,河南省建设工程项目实践操作中,为避免不必要的争议,均以实际挖方量进行清单编制与计价。

(7)按照施工工艺,本工程编制土石方工程量清单有平整场地、挖基坑土方、回填土、余土外运等四项清单。由于场地面积较小,使用人工平整场地,小型挖掘机坑上作业挖土,回填土使用原土回填,需筛土。

(8)本案例采用的是基坑开挖,工程量计算应考虑放坡和工作面的要求。本书内容以计价为主,考虑放坡后工程量为四棱台体积,计算公式为

$$V = (a + k \times h) \times (b + k \times h) \times h + \frac{k^2 h^3}{3}$$

式中　a、b——基坑底面边长;

　　　　k——放坡系数;

　　　　h——挖土深度。

分析:制定的工程量清单需按《计价规范》要求列(表)明下列几项:

(1)项目编码,前九位需根据各专业《计价规范》中分部分项工程的项目编码编号,后三位按照图纸内容编写。例如,当同一施工图中有三种不同种类、不同标号的土方时,后三位编号需按顺序编写。

(2)项目名称,按《计价规范》要求,将施工图中同类构件按项目名称填写,本案例中应列平整场地、挖基坑土方、回填土、余土回填等四项。

(3)项目特征描述,按《计价规范》要求,项目特征需描述该分项工程所有与价格有关的信息,除《计价规范》要求填写的特征外,若现场发生或图纸中有其他特征影响价格,则也需要填写。否则,后期施工结算时由于项目特征不明确发生的变更,需发包方承担相应的索赔责任。本案例中,土壤类别为二类土,全部原地施工,仅余土外运300 m。

(4)计量单位,清单中的计量单位均采用国际标准单位。

(5)工程量按清单《计价规范》中规定的计算规则计算。

解:根据工程量清单编制要求,首先确定建筑物基础形式、挖土深度,根据《计价规范》工作内容逐一列项,并按照工程量计算规则计算。本题中挖土方清单工程量可以用基础底面面积乘以挖土深度计算,河南省定额尽量要求规范与定额工程量一致,因此放坡与工作面工程量也计入。

(1)平整场地:
$S = (1.8 + 5.5 + 0.2 + 0.12) \times (3.3 \times 4 + 0.15 \times 2) = 102.87 (\text{m}^2)$

(2)挖土方:工作面各加宽1 000 mm,见附录1 图纸J-02,根据基坑开挖计算公式
$V = 737.14 \text{m}^3$。

其中:

长 a:　$5.5 + 0.2 \times 2 + 0.3 \times 2 + 1 \times 2 = 8.5 (\text{m})$

宽 b:　$3.3 \times 4 + 0.15 \times 2 + 0.3 \times 2 + 1 \times 2 = 16.1 (\text{m})$

高 h:　$-0.3 - (-3.2 - 0.4 - 0.1 - 0.1) = 3.5 (\text{m})$

按照机械挖土方的放坡要求:$k = 0.75$

(3)回填土方:挖土方 - 地下部分埋深 - 垫层

地下部分埋入空间:

$V_{埋} = (5.5 + 0.2 \times 2 + 0.12 \times 2) \times (3.3 \times 4 + 0.15 \times 2 + 0.12 \times 2) \times 3.4$
$\quad = 286.84 (\text{m}^3)$

垫层:

$$V_{垫} = (5.5 + 0.2 \times 2 + 0.3 \times 2) \times (3.3 \times 4 + 0.15 \times 2 + 0.3 \times 2) \times 0.1 = 9.16(\text{m}^3)$$

回填土体积:

$$V_{回} = 737.14 - 286.84 - 9.16 = 441.14(\text{m}^3)$$

(4)余土弃置=挖土方-回填土方(注:结算时根据自然地形标高及实际施工方案进行调整)。

$$V_{运} = 737.14 - 441.14 = 296.00(\text{m}^3)$$

上述工程量根据《计价规范》清单规定格式编制清单,见表2-10。

表 2-10 土方分部分项工程量清单与计价表

工程名称:单位工程 标段: 第1页 共1页

序号	项目编码	项目名称	项目特征描述	计量单位	工程量	金额(元)		
						综合单价	合价	其中 暂估价
1	010101001001	平整场地	二类土	m²	102.87			
2	010101004002	挖基坑土方	二类土	m³	737.14			
3	010103001001	回填方	二类土,原土回填,不需筛土	m³	441.14			
4	010103002001	余方弃置	场内回填300 m处堆放	m³	296.00			

【例2-3】 根据例2-2的工程量清单,编制各分项的基准价格,条件如下:

(1)平整场地由于场地面积较小,因此使用人工进行作业,并使用小型挖掘机挖土。基坑开挖后,需对坑底人工碾压二遍。

(2)二类土适合原地回填,本工程回填土用开挖后的原土壤。为不占施工场地,将多余的土运至300 m处储存。

(3)人工费调价系数为1.05,管理费动态调价系数为1.1。

(4)按照《河南省房屋建筑与装饰工程预算定额》(HA01—31—2016)为上述清单编写价格,因清单工程量与定额工程量一致,清单子目与定额计价子目对应,根据定额子目组成形成综合单价。

分析:定额的第一章,能够对应于表2-10清单的各项工作内容单价。对上述内容组价时,基坑开挖后,需原土打夯,这部分费用应含在挖基坑价格内,也可将这部分费用计入到垫层分项子目中。组价程序为,首先按施工内容分析基准价格与清单子目对应关系,然后计算定额工程量,换算单价套入定额价格,最后组价。

解:1.分析对应关系

按照工作内容,逐一分析清单与子目对应关系,见表2-11。

2.按照对应关系计算定额工作量

(1)1-123:人工平整场地。

定额工程量＝清单工程量＝102.87 m^2。

(2)1-55:小型机械基坑挖土。

定额工程量＝清单工程量＝737.14 m^3,计算方法同(1)。

(3)1-131:人工基坑回填。

定额工程量＝清单工程量＝441.14 m^3,计算方法同(1)。

其他略,见表2-11。

表2-11　清单与定额子目关系对应

序号	分项工程名称	清单/定额子目	工程量计算过程	计算结果	部位说明
			一、土方工程		
1.1	平整场地 (m^2)	010101001001	7.62×13.5	102.87	首层平面图
		1-123			
1.2	挖土方 (m^3)	010101004002	$(8.5+0.75 \times 3.5) \times (16.1+0.75 \times 3.5) \times 3.5 + \dfrac{0.75^2 + 0.35^3}{3}$ 长 a:5.5+0.2×2+0.3×2+1×2 宽 b:3.3×4+0.15×2+0.3×2+1×2 高 h:-0.3-(-3.2-0.4-0.1-0.1)	737.14	见J-05地下室剖面图与G-01中,工作面按增加1 000 mm计算,$k=0.75$
		1-58			
1.3	原土打夯 (m^2)	010101004002	$(5.5+0.2 \times 2+0.3 \times 2) \times (3.3 \times 4+0.15 \times 2+0.3 \times 2)$	91.65	J-02地下室平面图,J-07地下室防水构造
		1-128			
1.4	填土方 (m^3)	010103001001	$737.14-296$	441.14	清单与定额均考虑放坡、工作面
		1-131			
1.5	余土外运 (m^3)	010103002001	$(3.3 \times 4+0.15 \times 2+0.12 \times 2) \times (5.5+0.2 \times 2+0.12 \times 2) \times [-0.3-(-3.2-0.4-0.1)]+(91.65 \times 0.1)$	296.00	与挖土方体积相同,假定全部运走
		1-63+2×(1-64)			

3.定额调价

人工费调价系数为1.05,管理费调价系数为1.1,以1-123为例:

定额人工费:311.73 元/100 m^2

调价后:311.73×1.05＝327.32(元/100 m^2)

定额管理费:33.88 元/100 m^2

33.88×1.1＝37.27(元/100 m^2),换算后填入综合单价分析表中。

综合单价分析表中,数量=定额工程量×(清单计量单位÷定额计量单位)÷清单工程量,数量表示每个清单计量单位含有该产品的定额消耗量。土方工程综合单价表见表2-12～表2-15。

表2-12　平整场地综合单价分析表

工程名称:　　　　　　　　　　标段:　　　　　　　　　　第1页

| 项目编码 | 010101001001 | 项目名称 | 平整场地 | 计量单位 | m² | 工程量 | 102.87 |

清单综合单价组成明细

定额编号	定额项目名称	定额单位	数量	单价				合价			
				人工费	材料费	机械费	管理费和利润	人工费	材料费	机械费	管理费和利润
1-123	人工场地平整	100 m²	0.01	327.32			65.33	3.27			0.65
人工单价			小计					3.27			0.65
91.45元/工日			未计价材料费								
清单项目综合单价								3.92			

表2-13　挖基坑综合单价分析表

工程名称:　　　　　　　　　　标段:　　　　　　　　　　第2页

| 项目编码 | 010101004002 | 项目名称 | 挖基坑土方 | 计量单位 | m³ | 工程量 | 737.14 |

清单综合单价组成明细

定额编号	定额项目名称	定额单位	数量	单价				合价			
				人工费	材料费	机械费	管理费和利润	人工费	材料费	机械费	管理费和利润
1-58	小型挖掘机挖装槽坑土方二类土	10 m³	0.1	75.63		63.05	16.6	7.56		6.31	1.66
1-128	原土夯实二遍人工	100 m²	0.001 2	116.7			23.35	0.15			0.03
人工单价			小计					7.71		6.31	1.69
91.45元/工日			未计价材料费								
清单项目综合单价								15.71			

表 2-14 基坑回填土方综合单价分析表

工程名称： 标段：

项目编码	010103001001	项目名称	回填方	计量单位	m³	工程量	441.14

清单综合单价组成明细

定额编号	定额项目名称	定额单位	数量	单价				合价			
				人工费	材料费	机械费	管理费和利润	人工费	材料费	机械费	管理费和利润
1-131	夯填土人工槽坑	10 m³	0.1	155.94	0.8		31.2	15.59	0.08		3.12
人工单价		小计						15.59	0.08		3.12
91.46 元/工日		未计价材料费									
清单项目综合单价								18.79			

表 2-15 余土外运综合单价分析表

工程名称：单位工程 标段：

项目编码	010103002001	项目名称	余方弃置	计量单位	m³	工程量	296

清单综合单价组成明细

定额编号	定额项目名称	定额单位	数量	单价				合价			
				人工费	材料费	机械费	管理费和利润	人工费	材料费	机械费	管理费和利润
(1-63)+(1-64)×2	机动翻斗车运土方运距≤100 m 实际运距(m):300	10 m³	0.1			147.85	12.78			14.79	1.28
人工单价		小计								14.79	1.28
91.46 元/工日		未计价材料费									
清单项目综合单价								16.07			

第3章 砌筑工程

3.1 基础知识

砌筑工程指在建筑工程中使用普通黏土砖、承重黏土空心砖、蒸压灰砂砖、粉煤灰砖、各种中小型砌块和石材等材料进行砌筑的工程。在结构构造上要求具有一定的刚度、强度与稳定性,由砌筑材料与黏结材料组成。其中,砌体按砌筑材料可分为砖砌体、砌块砌体、石砌体等。黏结材料主要有水泥砂浆与混合砂浆。除砌体工程外,轻质板材也可以作为隔墙的材料。

3.1.1 砌筑材料

3.1.1.1 砖

砖是构造一般建筑物围护结构的重要材料,以黏土、页岩、煤矸石和粉煤灰为主要原料,具有强度高、绝热好、隔音效果好、耐久性强的特点,广泛用于房建工程中。其强度等级用 MU× 表示,× 指受检砖的平均抗压强度。如 MU30 表示砖的平均抗压强度 ≥30 MPa。砖的强度共分为五个等级,标识为 MU30、MU25、MU20、MU15、MU10。常见有以下几个种类:实心砖、多孔砖、空心砖及蒸压粉煤灰砖和蒸压灰砂空心砖及各类砌块与石材等。

3.1.1.2 砂浆

砂浆在砌筑工程中能够把单块的黏土砖、石块及砌块胶结起来构成砌体,便于传递和承受荷载,增加建筑物的整体性和稳定性,并能填缝保温。凡是用于砌筑砖、石等各种砌块的砂浆称为砌筑砂浆。砂浆的强度等级以边长为 70.7 mm 的立方体试块,按标准养护条件养护至 28 d 的抗压强度的平均值(MPa)表示。砂浆的强度等级分为 M5、M7.5、M10、M15、M20 五个等级。根据施工需要,常使用有机塑化剂、早强剂、缓凝剂、防冻剂等改善砂浆性能。砌筑砂浆种类主要有水泥砂浆与混合砂浆。性能比较如下:

(1)水泥砂浆由水泥、中砂与水按一定的配合比拌制而成,具有一定的自防水功能;混合砂浆由水泥、中砂、石灰膏与水按一定的配合比拌制而成,和易性好,施工方便,而且具有保温隔热的性能。

(2)水泥砂浆防水性能较好,但露天使用常会出现干缩裂缝,因此适宜在温差较小、潮湿的环境中使用,如地面以下或潮湿墙体;混合砂浆不适宜在潮湿的环境中使用,但其抗裂性能好,故常适用于地面以上或室外砌体的砌筑。

(3)砌筑砂浆配合比强度需在现场进行材料检验。

3.1.1.3 砌块类砌筑材料

砌块分为大、中、小型砌块,由于大、中型砌块体积较大、砌块间的接触面积较小,施工工艺与烧结砖砌筑工艺有差别。砌块的连接,除需对砌块表面进行处理外,经常会采取在灰缝中间加上拉结钢筋或专用连接件加强其整体性。

3.1.1.4 石材料砌筑材料

石材料砌筑材料强度高,取材容易,一般用于室外工程,常用于挡土墙工程、护坡或水坝边坡,具有强度高、耐风化、物理性能好的特点。

3.1.1.5 轻质隔墙板

轻质隔墙板是一种新型节能墙材料,它是一种外形像空心楼板一样的墙材,两边有公母榫槽,安装时只需将板材立直,公、母榫槽上涂上少量嵌缝砂浆后拼装起来即可。一般由无害化磷石膏、轻质钢渣、粉煤灰等多种工业废渣组成,经变频蒸汽加压养护而成。轻质隔墙板具有自重轻、强度高、多重环保、保温隔热、隔音、呼吸调湿、防火、快速施工、降低墙体成本等优点。内层装填有合理布局的隔热、吸声的无机发泡型材或其他保温材料。轻质隔墙板经流水线浇筑、整平、科学养护而成,生产自动化程度高,规格品种多。

3.1.2 砌体施工工艺

由于软件算量方法的普及,计价的核心已改变为如何正确套用定额子目的基准价格。对计价人员来说,了解不同材料砌体的施工工艺至关重要。下面以混凝土砌块和烧结空心砖的施工工艺为例来比较砌体施工工艺间的差异。

3.1.2.1 混凝土砌块施工工艺

(1)砌筑前,应将砌筑部位清理干净,放出墙身中心线及边线,砌块应提前 2 d 浇水润湿,要求砌筑前不得浇水。

(2)砌筑时,要求砌筑的墙体底部必须设置 C20 混凝土导墙,高度不得小于 200 mm,厨房、卫生间处设置配筋为 4 Φ 12,Φ 6@ 200,高度不小于 200 mm 的 C20 混凝土地圈梁。砌筑前,必须根据门窗洞口位置认真进行排砖,当洞口与砌块模数不符合时,可以适当调整与增大门窗抱框的尺寸。

(3)砌块排列,根据设计图纸各个部位尺寸,排砖摞底,使组砌方法合理,分皮咬槎交错搭接。当排砖尺寸与构造柱位置间距不符合模数时,必须满足排砖要求。要求砌块为顺砌,上下皮竖缝相互错开 1/2 砌块长,上下及砌块孔洞相互对准。

(4)砌筑时,必须严格遵守"反砌、对孔、错缝"六字砌筑法的砌筑原则,即把每皮砌块的底面朝上摆放砌筑(即反砌);每皮砌块顺砌,上下层砌块应对孔错缝搭砌(即对孔);每皮砌块的竖向灰缝应相互错开(即错缝)。当个别情况下无法对孔砌筑时,允许错孔砌筑,但搭接长度不应小于 90 mm,如不能保证,在灰缝中设置拉结钢筋。拉结钢筋可用 2 Φ 6 钢筋;有抗震要求的地区拉结钢筋的长度不应小于 1 000 mm,但竖向同缝不得超过两皮砌块。

3.1.2.2 烧结空心砖施工工艺

(1)空心砖常温下砌筑应提前 1 ~ 1.5 d 浇水湿润,如果临时浇水,则砖达不到规定湿度或砖表面存在水膜而影响砌体强度。砌筑时砖含水率宜控制在 10% ~ 15%(含水率以湿润后水重占干砖重量的百分数计)。

(2)空心砖砌筑墙体时一般平行于地面砌筑。

（3）墙砌至梁板底时,应留 100~200 mm 空隙,待填充墙砌筑完至少间隔 7 d 后再进行斜顶补砌,将砂浆填实或浇筑膨胀混凝土,以防止梁板底出现裂缝。

3.2 《计价规范》砌筑工程设置要点

《计价规范》中按砌筑材料的不同,分为砖砌体、砌块砌体、石砌体、垫层等 4 个分部内容,每个子项均规定房建工程中分项产品的项目编码、计量单位、工程量计价规则、工程内容及项目特征五部分内容。各部分内容及说明解释如下。

3.2.1 烧结砖砌体(010401)

编号为 010401 的砌筑分部工程中,按砖砌体使用部位、作用不同,共分为 14 个分项工程,每个分项工程的清单编码为九位,后三位结合具体项目由造价人员自行拟定。砖砌分部工程的主要砌筑材料指实心砖与多孔砖,实心砖常用体积是 240 mm × 115 mm × 53 mm,多孔砖常用尺寸为 290 mm、240 mm、190 mm、180 mm 或 175 mm、140 mm、115 mm、90 mm 两种,空心砖常用尺寸为 390 mm、290 mm、240 mm、190 mm、180 mm、140 mm、115 mm、90 mm。实心砖施工工艺采用顺、丁砌法,常用有一顺一丁、全顺、或三顺一丁等。《计价规范》中要求分部分项清单在描述该类分项工程产品特征时需注明该分项工程的砌块类品种、所在部分的特征、黏结材料的强度等级和配合本产品的一些其他必要措施。计量单位统一采用国标单位 m^3,工程量计算规则设定按照简便计算原则,除扣除门窗洞口所占的体积外,不考虑嵌入墙内的柱头、梁头或凹进墙内的构件。具体规定见《计价规范》。其中砖基础、砖砌检查井、砖散水、地坪和砖地沟等子目以完成整体构件作为分项产品工作内容,与定额相关子目工作内容不相同。

3.2.1.1 砖基础 010401001

清单工程量计算按设计图示尺寸以体积计算。包括附墙垛基础宽出部分体积,扣除地梁(圈梁)、构造柱所占体积,不扣除基础大放脚 T 形接头处的重叠部分及嵌入基础内的钢筋、铁件、管道、基础砂浆防潮层和单个面积 ≤0.3 m^2 的孔洞所占体积,靠墙暖气沟的挑檐不增加。其中,基础长度:外墙按外墙中心线,内墙按内墙净长线计算。砖基础是用于砖墙下的条形基础,沿墙布置,以室内地坪作为分界线,为了防潮,常用水泥砂浆作为黏结材料。其中,扩大部分称为大放脚,为方便工程量计算,《计价规范》与定额中均采用将大放脚部分折算为截面面积的简用计算表格,具体换算表见定额。为防止地下潮气向墙体侵蚀,需在砖基础中相对标高 −0.06 处设计防潮层,常用 1:2 水泥砂浆作为灰缝贯通砌筑。编制清单时,项目特征需列明砖品种、规格、强度等级,基础类型,砂浆强度等级,防潮层材料种类。工作内容包括砂浆制作、运输,砌砖,防潮层铺设,材料运输。

3.2.1.2 实心砖墙 010401003、多孔砖墙 010401004、空心砖墙 010401005

实心砖墙、多孔砖墙、空心砖均指使用普通烧结砖砌成的实体砌筑墙,使用的实心砖、多孔砖、空心砖主要是按砌体材料的不同而设置,砌块体积较小,最大空心砖的长向尺寸仅 390 mm。墙体砌法仍是人工用顺、丁砌法,如一顺一丁、三顺一丁等完成。实心砖主要分为清水与混水墙砌法。对于砌体结构,清水墙就是砌完后墙体不需再做抹灰墙面。混水墙是墙体砌完后不能直接外露,墙面还需做抹灰处理。《计价规范》中规定砌体工作内容有砂浆制作、运输、砌砖、刮缝、砖压顶砌筑、材料运输等。砌体除用作围护墙外,建筑物中常见的与砌筑相关的构件还有女儿墙、构造柱、填充墙。

1. 清单设置

1)女儿墙

女儿墙指屋顶部分外墙向上延伸的墙体,作为上人屋面的围护结构,顶部以混凝土或砖压顶用来保护墙体。若采用砖压顶,则直接将工程量计入砖墙内。

2)构造柱

为增加墙体的稳定性,砌体工程在一定条件下要求设置钢筋混凝土的构造柱。如根据砌筑工程施工规范,墙长大于层高的2倍或墙长大于6 m时,需在内外墙的砌体转角、砌体交叉处设置构造柱。墙高超过4 m时,墙体半高处(或门洞上方)应设置与柱连接且沿墙全长贯通的钢筋混凝土水平系梁,即常说的圈梁。

3)填充墙

当墙体作为框架间填充墙时,属于二次结构部分,只考虑框架间净尺寸。

2. 工程量计算

实心砖墙、多孔砖墙和空心砖墙的工程量计算按设计图示尺寸以体积计算,计算时要扣除门窗洞口、过人洞、空圈、嵌入墙内的钢筋混凝土柱、梁、圈梁、挑梁、过梁及凹进墙内的壁龛、管槽、暖气槽、消火栓箱所占体积,不扣除梁头、板头、檩头、垫木、木楞头、沿缘木、木砖、门窗走头、砖墙内加固钢筋、木筋、铁件、钢管及单个面积≤0.3 m²的孔洞所占的体积。凸出墙面的腰线、挑檐、压顶、窗台线、虎头砖、门窗套的体积亦不增加。凸出墙面的砖垛并入墙体体积内计算。具体尺寸确定方式有以下几点。

1)墙长度

外墙按中心线、内墙按净长计算。

2)墙高度

(1)外墙。斜(坡)屋面无檐口天棚者算至屋面板底;有屋架且室内外均有天棚者算至屋架下弦底另加200 mm;无天棚者算至屋架下弦底另加300 mm,出檐宽度超过600 mm时按实砌高度计算;钢筋混凝土楼板隔层者算至板顶。平屋顶算至钢筋混凝土板底。

(2)内墙。位于屋架下弦者,算至屋架下弦底;无屋架者算至天棚底另加100 mm;有钢筋混凝土楼板隔层者算至楼板顶;有框架梁时算至梁底。

(3)女儿墙。从屋面板上表面算至女儿墙顶面(如有混凝土压顶时算至压顶下表面)。

(4)内、外山墙。按其平均高度计算。

3)框架间墙

不分内外墙,按墙体净尺寸以体积计算。

4)围墙

高度算至压顶上表面(如有混凝土压顶时算至压顶下表面),围墙柱并入围墙体积内。

使用烧结砖的砌筑构件除实心墙砌体和砖基础外,常见的砌体构件还有砖砌挖孔桩护壁、实心砖柱、空斗墙、空花墙、填充墙等。各子目设置内容见表3-1。

表3-1 砌筑工程清单分项工程说明

项目编码、名称、计量单位	工程量计算规则	构件应用部位、特点及工作内容说明
010401002 砖砌挖孔桩护壁 (m³)	按设计图示尺寸以 m³ 计算	护壁指的是工人在大直径桩孔内进行操作时防止土方坍塌,而砌筑的砖砌墙,其厚度与形式(一般做成阶梯式)以实际施工方案为准。因施工条件恶劣,即使砌筑材料与黏结材料种类与其他砌体相同,其价格也会受到很大影响。 项目特征应列明: 1.砖品种、规格、强度等级 2.砂浆强度等级 工作内容: 1.砂浆制作、运输 2.砌砖 3.材料运输
010401009 实心砖柱(m³)	按设计图示尺寸以体积计算。扣除混凝土及钢筋混凝土梁垫、梁头所占体积	项目特征应列明: 1.砖品种、规格、强度等级 2.柱类型 3.砂浆强度等级、配合比 工作内容: 1.砂浆制作、运输 2.砌砖 3.刮缝 4.材料运输
010401006 空斗墙(m³)	按设计图示尺寸以空斗墙外形体积计算。墙角、内外墙交接处、门窗洞口立边、窗台砖、屋檐处的实砌部分体积并入空斗墙体积内	空斗墙是以砖长为墙厚,把砖对称地侧立砌在墙的两边,再在所砌砖的两端按墙厚的方向侧立砌两块砖,四块砖之间形成一个24 cm×12 cm×12 cm 的空间,沿着一端如法又侧砌三块砖,形成相同的一个空斗。 空花墙是按照一定图案砌成的墙体,是我国传统砌筑技法,具有采光、装饰的作用。 填充墙指在墙体中间填充炉渣、炉渣混凝土的填充措施。 项目特征中应列明: 1.砖品种、规格、强度等级 2.墙体类型
010401007 空花墙(m³)	按设计图示尺寸以空花部分外形体积计算,不扣除空洞部分体积	3.砂浆强度等级、配合比 上述三种墙体规范中规定的工作内容有: 1.砂浆制作、运输 2.砌砖
010401008 填充墙(m³)	按设计图示尺寸以填充墙外形体积计算	3.装填充料 4.刮缝 5.材料运输

3.2.2　砌块砌体(010402)

砌块是利用混凝土、工业废料(炉渣、粉煤灰等)或地方材料制成的人造块材,外形尺寸比砖大,具有设备简单、砌筑速度快的优点,符合建筑工业化发展中墙体改革的要求。砌块按尺寸和质量大小的不同分为小型砌块、中型砌块和大型砌块。砌块系列中主规格的高度大于 115 mm 而小于 380 mm 的称为小型砌块,高度为 380~980 mm 的称为中型砌块,高度大于 980 mm 的称为大型砌块。实际使用中,以中小型砌块居多。砌块按外观形状可以分为实心砌块和空心砌块。空心率小于 25% 或无孔洞的砌块为实心砌块,空心率大于或等于 25% 的砌块为空心砌块。空心砌块有单排方孔、单排圆孔和多排扁孔三种形式,其中多排扁孔对保温较有利。按砌块在组砌中的位置与作用可以分为主砌块和各种辅助砌块。吸水率较大的砌块不能用于长期浸水、经常受干湿交替或冻融循环的建筑部位。

根据材料成分与形式不同,常见的有以下几种:

(1)蒸压加气混凝土板。

(2)建筑隔墙用轻质条板。

(3)钢丝网架聚苯乙烯夹芯板。

(4)石膏空心条板。

(5)玻璃纤维增强水泥轻质多孔隔墙条板(简称 GRC 板,符合 GB/T 19631—2005 技术要求)。

(6)金属面夹芯板。分为金属面聚苯乙烯夹芯板,金属面硬质聚氨酯夹芯板,金属面岩棉、矿渣棉夹芯板(符合 JC/T 869—2000 技术要求)。

(7)建筑平板。分为纸面石膏板、纤维增强硅酸钙板、纤维增强低碱度水泥建筑平板、纤维增强水泥平板、建筑用石棉水泥平板。

《计价规范》中,编号为 010402 以砌块为主体的砌筑结构的分部工程,列明两类砌块构件:砌块墙与砌块柱。由于砌块较大,施工时,为加大砌块间黏结面积,需在砌块表面进行处理和配置拉结钢筋与钢筋网片,但《计价规范》中砌块墙内配置的钢筋需在钢筋分部另行定义。

3.2.3　石砌体(010403)

天然岩石中开采出来的料石,经过切割加工,形成砌筑用的石材。石砌体在护坡、挡土墙、基础中应用较为广泛。根据使用的材料可以分为毛石砌体和方整石砌体两种。

(1)毛石。指形状不规则,未经凿琢,大小不等的石块,是毛石混凝土基础和毛石基础的主要材料。在基础的设计图纸中,标注混凝土强度等级,并规定毛石加入数量的毛石混凝土,称为毛石混凝土基础;标注砌筑砂浆或砌体强度等级的浆砌毛石,称为毛石基础;而直接与土体接触的单层砌筑毛石,称为毛石基础垫层。

(2)方整石。按其加工面的平整程度分为毛料石、粗料石、细料石三种。毛料石是指粗具六面体的方整石打去其不规则部分,稍加修整,使其成为形状规则的六面体(称为打荒)。粗料石是指对打荒后的毛料石进行进一步的錾凿加工,使其成为表面凹入深度不小于 20 mm 的粗料石,这个过程称为錾凿。细料石是将錾凿后的粗料石,通过剁斧工艺使其表面凹入深度达到规定深度。石材形状不规则,用于房屋构件较少,但在建筑物室外构造措施上有较大的应用。《计价规范》将石材按所在部位分为两类:一类作为建筑物单体工程构件,如石材基础、石勒脚、石挡土墙等;另一类用于室外工程,如石台阶、石坡道等。

3.2.3.1 常用石材构件

常用石材构件有石基础 010403001、石勒脚 010403002、石墙 010403003(5)等。计量单位为 m^3。"石基础、石勒脚、石墙、石挡土墙"项目适用于各种规格(粗料石、细料石等)、各种材质(砂石、青石等)和各种类型(柱基、墙基、直形、弧形等)基础。"石柱"项目适用于各种规格、各种石质、各种类型的石柱。

由于石基础需要对石材进行工艺处理,因此编制清单时,需列明石材种类、规格及图纸上对石材表面工艺处理的最终要求。

1. 设置要点

(1)石基础、石勒脚、石墙的划分。基础与勒脚应以设计室外地坪为界。勒脚与墙身应以设计室内地面为界。石围墙内外地坪标高不同时,应以较低地坪标高为界,以下为基础;内外标高之差为挡土墙时,挡土墙以上为墙身。

(2)设置清单时,项目特征需列明石料种类、规格,基础(墙体、勒脚)类型,砂浆强度等级、配合比,石表面加工要求,勾缝要求。

(3)工作内容包括砂浆制作、运输,吊装,砌石,石表面加工,勾缝,材料运输。

2. 工程量计算规则

(1)石基础按设计图示尺寸以体积计算。包括附墙垛基础宽出部分体积,不扣除基础砂浆防潮层及单个面积 ≤0.3 m^2 的孔洞所占体积,靠墙暖气沟的挑檐不增加体积。基础长度:外墙按中心线,内墙按净长计算。

(2)石勒脚按设计图示尺寸以体积计算,扣除单个面积 >0.3 m^2 的孔洞所占的体积。

(3)石墙(柱)按设计图示尺寸以体积计算。与实心墙、砌块墙工程量计算规则相同。

3.2.3.2 石护坡、石台阶、石坡道

除用于房屋建筑结构构件外,室外工程中常使用石材作为石护坡、石台阶、石坡道等。《计价规范》中分别设置了石护坡 010403007、石台阶 010403008、石坡道 010403009 三个分项子目。为方便计价,这三个子目的工作内容包括整体工程的完成,即除用石材作为主材砌筑主体外,还包括保护垫层、勾缝部分,但不包括土方、面层。

1. 设置要点

(1)"石护坡"项目适用于各种石质和各种石料(粗料石、细料石、片石、块石、毛石、卵石等)。

(2)"石台阶"项目包括石梯带(垂带),不包括石梯膀,石梯膀应按"石挡土墙"项目编码列项。

(3)项目特征需列明:垫层材料种类、厚度,石料种类、规格,护坡厚度、高度,石表面加工要求,勾缝要求,砂浆强度等级、配合比。

(4)工作内容包括:铺设垫层,石料加工,砂浆制作、运输,砌石,石表面加工,勾缝,材料运输。

2.工程量计算规则

(1)石护坡按设计图示尺寸以体积计算。

(2)石台阶按设计图示尺寸以水平投影面积计算。

(3)石坡道按设计图示尺寸以水平投影面积计算。

除上述构件外,还有石材做的挡土墙、栏杆、地沟、明沟等,各子目设置内容见表3-2。

表3-2　石材工程分项工程说明

项目编码、名称、计量单位	工程量计算规则	构件应用部位、特点及工作内容说明
010403004 石挡土墙(m³)	按设计图示尺寸以体积计算	主要用于建筑物或场地标高有高差时,为防止土方坍塌设置的构筑物,因此挡土墙上需设置变形缝或排水措施。项目特征同石墙。该分项工程工作内容同其他相比,还包括变形缝、泄水孔、压顶抹灰及滤水层
010403006 石栏杆(m³)	按设计图示尺寸以体积计算	"石栏杆"项目适用于无雕饰的一般石栏杆。 项目特征需注明: 1.石料种类、规格 2.石表面加工要求 3.勾缝要求 4.砂浆强度、等级、配合比 工作内容: 1.砂浆制作、运输 2.吊装 3.砌石 4.石表面加工 5.勾缝 6.材料运输
010403010 石地沟、明沟(m)	按设计图示以中心线长度计算	该部分不仅包括主体石砌体结构部分,还包括土方、垫层、面层等内容。 项目特征需列明: 1.沟截面尺寸 2.土壤类别 3.运距 4.垫层材料种类、厚度 5.石料种类、规格 6.石表面加工要求 7.勾缝要求 8.砂浆强度等级、配合比 工作内容: 1.土方挖、运 2.砂浆制作、运输 3.铺设垫层 4.砌石 5.石表面加工 6.勾缝 7.回填 8.材料运输

3.2.4 垫层（010404）

垫层是与地表接触的构造措施,如地面垫层、散水垫层、台阶垫层等。在构件清单中,有些分项工程未将垫层包括在工作内容中,若设计要求设置如三七灰土、级配碎石、三合土垫层等,除混凝土垫层应按混凝土分部工程中"垫层"列项外,其他均按010404001垫层列项,一般用于室内地面垫层,台阶、散水坡道地面构筑物的垫层。工程量计算按设计图示尺寸以 m³ 计算。项目特征需注明垫层材料种类、配合比、厚度。工作内容包括垫层材料的拌制、垫层铺设、材料运输。

3.3 定额子目列项及计价要点

《河南省房屋建筑与装饰工程预算定额》(HA01—31—2016)第四章,是在《计价规范》砌筑工程清单列项与2015版《房屋建筑消耗量定额》的基础上,根据河南省建筑市场交易情况和清单子项工作内容,逐一确定清单子目所含各项的基准价格。由于定额子目工作内容只能以施工工艺完全相同的综合施工过程作为划分子目的标准,因此清单子目与定额子目工作内容有所不同,计价时需注意。例如,石台阶子目清单工作内容不但包括石砌体部分,还包括砌体下的垫层及石砌体勾缝等。但在定额子目中,由于石砌体与其下部垫层及勾缝使用人工工艺与主要材料消耗不同,所以分项名称为石砌体的工作内容清单与定额定义不一样,计算产品单价时需充分考虑。除此之外,《河南省房屋建筑工程预算定额》(HA01—31—2016)补充以成品板材作为墙体主要材料的板材隔墙的价格。

定额中砖、砌块和石料按标准或常用规格编制,设计规格与定额不同时,砌体材料和砌筑(黏结)材料用量应做调整换算。砌筑砂浆按干混预拌砂浆编制。定额所列砌筑砂浆种类和强度等级、砌块专用砌筑黏结剂品种,当设计与定额不同时,应做调整换算。墙体砌筑层高是按3.6 m编制的,当超过3.6 m时,其超过部分工程量的定额人工乘以系数1.13。砖砌体钢筋加固,砌体内加筋、灌注混凝土,墙体拉结的制作、安装,以及墙基、墙身的防潮、防水、抹灰等按定额其他相关章节的定额及规定执行。

为了使用方便,定额子目尽量根据清单定义分项工程的工作内容进行子目排序。确定墙体外围尺寸参数是软件算量的基础。砌体构件工程量计算,重点已从手工算量改为如何确定墙体的参数。

3.3.1 烧结砖类砌体

3.3.1.1 砖基础 4-1

这部分是对应于规范砖基础010401001内容的基准价格,定额工作内容在清单工作内容基础上,详细补充说明施工工序。一般用于受力砖墙下,属于条形基础、基础的大放脚的计算,与《计价规范》一致。砖基础的材料只适用于普通烧结砖,使用黏结材料定额与设计不同时可以换算。砖基础不分砌筑宽度及有无大放脚,均执行对应品种及规格砖的同一项目。地下混凝土构件所用砖模及砖砌挡土墙套用砖基础项目。

工程量计算规则、基础与墙体划分和清单规范一致。清单中在砖基础临地面时,为防止地下土壤的潮湿水汽通过砌体灰缝损害上部砌体,通常在砖基础室外地坪下设防潮层。若图纸要求有防潮措施,则按照要求增加费用。定额砌体部分的计量单位均为扩大计量单位 10 m³。砖基础的工程量计算方法以软件算量为主,计价时仅需核对定额子目使用是否正确。

3.3.1.2 砖墙 4-2~4-36

这部分是定额对应于实心砖墙、多孔砖墙、空心砖墙的各类不同烧结砖形式的砌筑基本价格。除计量单位外,工程量计算规则与工作内容与清单规范一致。砖墙砌筑价格与砌砖工艺有关,定额 4-2~4-22 对不同厚度的清水砖墙、混水砖墙、多孔砖墙设置了不同的价格。对于普通烧结砖,工作内容在清单基础上更详细地描述为调、运、铺砂浆,运、砌砖,安放木砖、垫块。计价要点如下:

(1)多孔砖、空心砖及砌块砌筑有防水、防潮要求的墙体时,若以普通(实心)砖作为导墙砌筑,导墙与上部墙身主体需分别计算,导墙部分套用零星砌体项目。

(2)围墙套用墙相关定额项目,双面清水围墙按相应单面清水墙项目,人工用量乘以系数 1.15 计算。

3.3.1.3 其他

定额除确定砖墙基本价格外,还补充了烧结砖其他砌体构件的基准价格,主要有填充墙、贴砌砖 4-23~4-26、砖柱 4-27~4-36 等。填充墙、贴砌砖常用于保温隔热与地下防潮措施中,工程量计算按设计图示尺寸以填充墙外形体积计算。砖柱指的是根据设计图纸,独立用烧结砖砌成的柱子,嵌在墙体的砖柱按墙的基准价格根据设计图示尺寸以体积计算,扣除混凝土及钢筋混凝土梁垫、梁头、板头所占体积。工作内容为砌筑烧结砖的工序:调、运、铺砂浆,运、砌砖。

3.3.2 其他砌块类砌体

3.3.2.1 砌块墙 4-37~4-49

这部分是定额对应于砌块的各类不同砌体形式的基本价格。除计量单位外,工程量计算规则与工作内容和清单规范一致。由于砌块墙体积大,黏结表面面积不能满足结构强度要求,因此砌块墙施工时会增加附属措施,如灰缝中间加入拉结筋,表面积处理或加 L 形专用连接件等措施,其中加入的拉结钢筋的费用,在定额第五章中有专用基准价格,表面积处理价格不再另计,针对不同砌块材料的人工工日中已包括这部分内容。L 形专用连接件直接套本部分 4-49 子目。市场上砌块种类非常多,名称各不相同,套用相应价格时,应考虑工艺的一致性。计价要点如下:

（1）填充墙以填炉渣、炉渣混凝土为准，当设计与定额不同时应做换算，其他不变。

（2）加气混凝土类砌块墙项目已包括砌块零星切割改锯的损耗及费用。

（3）零星砌块是指台阶、台阶挡墙、梯带、锅台、炉灶、蹲台、池槽、池槽腿、花台、花池、楼梯栏板、阳台栏板、地垄墙≤0.3 m²的孔洞填塞、凸出屋面的烟囱、屋面伸缩缝砌体、隔热板砖墩等。

（4）贴砌砖项目适用于地下室外墙保护墙部位的贴砌墙；框架外表面的镶贴砖部分，套用零星砌体项目。

定额将砌块砌体分为四类：轻集料混凝土小型空心砌块墙4－37～4－39，烧结空心砌块墙4－40～4－42，蒸压加气混凝土砌块墙4－43～4－48，加气混凝土砌块L形专用连接件4－49。工作内容大都包括调、运、铺砂浆或运、搅拌、铺黏结剂，运、部分切割、安装砌块，安放木砖、垫块，木楔卡固、刚性材料嵌缝全套工序，具体见定额第四章内容。大型砌块墙体需要一些附属构造，如使用实心砖砌体做导墙等，初学者需区分附属构造是否已计入基准价格中。有些设计图纸，对于墙体结构内的拉结筋、构造柱等仅在说明中要求按规范完成。因此，造价人员除图纸外还需参照相关规范和图集，其中砌块墙内涉及的构造拉结筋、构造柱、填料等需要另行计价。

3.3.2.2 轻质隔墙 4－50～4－53

这部分是对应于建筑市场兴起的轻质隔墙的基准价格，计量单位为100 m²。工程量按图示尺寸以面积计，工作内容包括材料运输、安装、接口（缝）处抹水泥浆、绑扎钢丝网，膨胀螺栓U卡固定，接缝处贴玻璃布、板底细石混凝土等。

3.3.2.3 石材构件 4－54～4－71

这部分是对应于清单规范010403石材内容的基准价格。其中石台阶、石坡道定额基准价只含有砌筑价格，没有下边铺设垫层的费用，计价时要注意相关内容，各类石材子目工作内容见表3-3，注意比较各石材构件特点。定额中补充了石材计价要点：

（1）石砌体定额中的粗、细料石（砌体）墙按400 mm×220 mm×200 mm规格编制。

（2）毛料石护坡高度超过4m时，定额人工乘以系数1.15。

（3）定额中各类砖、砌块及石砌体的砌筑均按直形砌筑编制，圆弧形砌筑者，按相应定额人工用量乘以系数1.10，砖、砌块及石砌体及砂浆（黏结剂）用量乘以系数1.03计算。

3.3.2.4 垫层

定额4－72～4－85是对应于010404内容的垫层部分，指常用在室外、台阶、坡道等的垫层与室内地面垫层，与基础垫层有所区别。这部分施工图常使用标准图集。主要是由刚性材料碎石、碎砖、灰土等材料混合成的刚性构件。工程量计算按设计图示尺寸以体积计算，工作内容包括拌和、铺设垫层；找平压（夯）实；调制砂浆、灌缝等。人工级配砂石垫层是按中（粗）砂15%（不含填充石子空隙）、砾石85%（含填充砂）的级配比例编制的。

表 3-3　定额砌筑工程各分项工程说明

定额子目	定额名称	计量单位	工程量计算规则	工作内容	计价要点
4-54~ 4-57	石基础、石勒脚	10 m³	按设计图示尺寸以体积计算	运石,调、运、铺砂浆,砌筑	关于料石加工运输等项目需另行计算
4-58~ 4-63	石墙	10 m³	按设计要求截桩的数量计算。截桩长度≤1 m 时,不扣减相应桩的打桩工程量;截桩长度>1 m 时,其超过部分按实扣减打桩工程量,但桩体的价格不扣除	1.运石,调、运、铺砂浆 2.砌筑、平整墙角及门窗洞口处的石料加工等 3.毛石墙身包括墙角、门窗洞口处的石料加工	
4-64~ 4-71	石护坡、石台阶、石坡道、料石墙勾缝	10 m³	按设计图示尺寸以体积计算,石坡道按设计图示尺寸以水平投影面积计算,墙面勾缝按设计图示尺寸以体积计算	调、运砂浆,砌石,铺砂,勾缝等;预留泄水口,放置排水管(不含排水管材料费)	

3.4 实　例

【例 3-1】　计算图 3-1 中地下一层砖墙工作量。

分析:熟悉与砖墙工程量有关的参数,是使用软件方法计算墙体工程量正确与否的关键,本题通过手工计算砖墙工作量的目的是需要学员快速地在图纸中找到计算参数。根据附图,地下室为框架结构,外墙属于框架间填充墙,按工程计算规则,仅计算框架间净尺寸,内墙不属于框架部分,墙高度应为 0.27 - (-3.0) = 3.27 m。墙体高度为上层楼板层高,当建筑尺寸与结构尺寸不一致时,以结构尺寸为主。综合对比地下室平面图、剖面图、梁平法图,可得到与砖工作量参数有关内容如下:

(1)墙体厚度为 240 mm,砌体采用 MU15 烧结普通砖,M7.5 水泥砂浆。

(2)墙体按结构构件计算,因此墙体的标高以结构标高为主(扣除建筑构件厚度,以结构施工图标高为主),外墙下筏板基础顶标高为 -3.2 m,Ⓐ~Ⓑ与①轴相交的梁,梁高为 270 mm,Ⓑ~Ⓔ轴梁顶标高比层高高 0.12 m,上一层结构层高为 0.27 m,柱尺寸为 400 mm×300 mm,一层楼板顶标高为 0.27 m;KL 梁顶标高为 0.15 m,楼板厚度为 120 mm。

(3)内墙按层高计算,即计算 -3.00 m 至 0.27 m,内墙长度按净长线,应扣除门窗洞

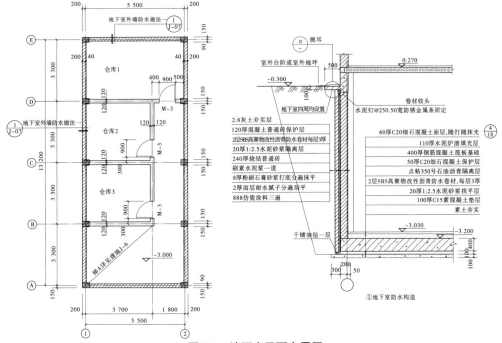

图 3-1 地下室平面布置图

口外,还应扣除嵌入的结构构件。内墙应扣除 M3(900 mm×2 100 mm)和 M3 上的过梁,图纸中未标示的过梁长度以洞口宽度各加 250 mm 计算,过梁高度按图纸说明以 180 mm 计算,过梁厚度与墙体厚度相同。

(4)墙体工程量计算清单工程量与定额工程量相同。

(5)其他信息详见附图。(注意墙轴线不是中心线)。

解:本题中,清单工程量与定额工程量一致,计算如下:

1. 外墙工程量

(1)①轴交Ⓐ~Ⓑ轴墙体工程量:

$$V_{外墙1} = (3.3 - 0.15 \times 2) \times 0.24 \times [0.15 - 0.27 - (-3.2)] = 2.217\,6(\text{m}^3)$$

(2)①轴交Ⓑ~Ⓔ轴墙体工程量:

$$V_{外墙2} = 3 \times (3.3 - 0.15 \times 2) \times 0.24 \times [0.27 - 0.27 - (-3.2)] = 6.912(\text{m}^3)$$

(3)Ⓐ轴与①~②轴墙体工程量:

$$V_{外墙3} = (5.5 - 0.2 \times 2) \times 0.24 \times [0.15 - 0.5 - (-3.2)] = 3.488\,4(\text{m}^3)$$

(4)②轴交Ⓐ~Ⓑ轴墙体工程量:

$$V_{外墙4} = V_{外墙1} = 2.2176(\text{m}^3)$$

(5)②轴交Ⓑ~Ⓔ轴墙体工程量:

$$V_{外墙5} = V_{外墙2} = 6.912(\text{m}^3)$$

(6)Ⓔ轴与①~②轴墙体工程量:

$$V_{外墙6} = V_{外墙2} = 3.488\,4(\text{m}^3)$$

外墙工程量合计:

$$V_{外} = (2.2176 + 6.912 + 3.4884) \times 2 = 25.236(m^3)$$

2. 内墙工程量

内墙净长线：

$$L = (3.7 - 0.2) \times 3 + 3.3 \times 2 + (0.4 + 0.9 + 0.5 - 0.2) = 18.7(m)$$

（1）内墙毛体积：

$$V_{总} = 18.7 \times 0.24 \times [0.27 - (-3.2)] = 15.573(m^3)$$

（2）M3(900 mm × 2 100 mm)所占的体积：

$$V_{门} = 0.9 \times 2.1 \times 0.24 \times 3 = 1.361(m^3)$$

M3 上过梁所占的体积：

$$V_{过梁} = (0.9 + 0.25 \times 2) \times 0.18 \times 0.24 \times 3 = 0.181(m^3)$$

内墙工程量：

$$V_{内} = 15.573 - 1.361 - 0.181 = 14.031(m^3)$$

3. 地下室保护墙工程量

$$[(5.5 + 0.2 \times 2 + 0.12 \times 2) \times 2 + (3.3 \times 4 + 0.15 \times 2) \times 2] \times 0.12 \times 3.3 = 15.55(m^3)$$

4. 地下室墙体清单工程量小计

$$V = 25.236 + 14.031 + 15.55 = 54.82(m^3)$$

【例 3-2】 根据例 3-1 计算的结果,在定额中选用相应的价格子目,计算分部分项综合单价合计。

分析:拟选用定额 4-4 子目,选用单面清水墙的原因是地下室墙面做法中,内墙直接刷素水泥浆后做墙面,不需要再做抹灰基层。定额 4-4 子目使用的是干混砌筑砂浆 DM M10,设计使用 M7.5 水泥砂浆,基准价格换算可直接用 M7.5 水泥砂浆的单价 145.3 元/m³ 替换 DM M10 的 180 元/m³。

解: 换算公式为

换算后的基准价 = 定额价 + (实际材料单价 - 定额材料单价) × 消耗量

定额 4-4 子目换算后的基准价为

$$4\ 782 + (145.3 - 180) \times 2.313 = 4\ 701.8(元/10\ m^3)$$

分部分项工程综合单价定额基准价应除去定额基价中的安文费、其他措施费、规费三项,即分部分项工程综合单价为

$$4\ 701.8 - 89.91 - 195.42 - 242.3 = 4\ 174.17(元/10\ m^3)$$

地下室砖墙的分部分项工程综合单价合计为

$$V = 4\ 174.17 \times 54.82 \div 10 = 22\ 882.80(元)$$

习 题

1. 根据附录中的施工图纸与工程量计算书,分析地上四层砖墙的工程量计算参数。分析各个墙体的高度、厚度和需要扣除的体积等。

2. 根据附录中的施工图纸与工程量计算书,编制砌体的综合单价。

第 4 章　混凝土及钢筋混凝土工程

混凝土及钢筋混凝土是土木工程中经典的结构材料,是建筑工程中应用最广泛的结构材料。其特点是能够根据不同要求,配制不同物理和力学性能的结构构件,不但具有非常优良的结构特性,而且有良好的可塑性。按照钢筋与混凝土种类、数量的不同,可以浇制成各种受力性状与大小的结构构件和建筑构件。混凝土及钢筋混凝土构件,按施工方法分为现浇(钢筋)混凝土和预制(钢筋)混凝土构件。

4.1　混凝土及钢筋混凝土施工工艺

钢筋混凝土构件需满足一定的强度、刚度、稳定性条件,其中混凝土强度等级是表示混凝土类型最重要的参数,强度等级以混凝土立方体抗压强度标准值划分。采用符号 C 与立方体抗压强度标准值(以 N/mm² 或 MPa 计)表示。混凝土的抗压强度是通过抽检样本试验得出的,我国采用边长为 150 mm 的立方体作为混凝土抗压强度的标准尺寸试件。《混凝土结构设计规范》(GB 50010—2010)规定,以边长为 150 mm 的立方体在(20 ± 3)℃的温度和相对湿度在 90% 以上的潮湿空气或水中养护 28 d,依照标准试验方法测得的具有 95% 保证率的抗压强度作为混凝土强度等级。普通混凝土划分为 14 个等级,即 C15、C20、C25、C30、C35、C40、C45、C50、C55、C60、C65、C70、C75、C80。例如,强度等级为 C30 的混凝土是指 30 MPa $\leqslant f_{cu} < 35$ MPa。影响混凝土强度等级的因素主要有水泥等级和水灰比、集料、龄期、养护温度和湿度等有关。钢筋强度是指其受拉强度。

混凝土施工时,按照构件结构性能,分为基础、梁、板、柱、墙等混凝土施工工艺。

4.1.1　现浇混凝土及钢筋混凝土

现浇混凝土及钢筋混凝土工程指在构件所处的最终位置现场浇筑,施工工艺分为模板工程、钢筋工程、混凝土工程。模板工程指按照构件的形状制作模板及支撑、安装模板、拆除模板、堆放、运输清理杂物、刷隔离剂等。钢筋工程指构件浇筑之前,需先在模具内进行钢筋制作、运输、绑扎,用铁丝将钢筋固定成想要的结构形状的过程。混凝土工程包括(水泥、中粗砂、石子、水)搅拌制作、浇筑、振捣、运输和养护。构件综合施工流程为:安装指定形状的构件模板,然后在成型的模板中绑扎钢筋,最后将混凝土浇筑到按要求绑扎好的钢筋骨架上,经养护达到强度标准后拆模,所得即是钢筋混凝土构件。钢筋与混凝土的温度协调性,使得两者结合后能够成为抵抗额定荷载的结构构件,已广泛用于土木建筑工程行业中。

4.1.1.1　模板工程

模板工程指先在指定位置搭设模板。现浇混凝土构件制作时,首先需按构件要求搭设具有一定强度的模板使构件成型。模板种类很多,按材料分有木模板、钢模板、铝模板、塑料模板等。模板是一种临时性支护结构,按设计要求制作,使混凝土结构与构件按规定的位置、几何尺寸成型,保持其正确位置,并承受建筑模板自重及作用在其上的外部荷载。进行模板工程的目的,是保证混凝土工程质量与施工安全、加快施工进度和降低工程成本。因此,模板需要满足一定的强度、刚度、稳定性、不易变形等特性。随着建筑产业分工的细化,房屋建筑工程中常用的是组合式钢模板和复合模板。

(1)组合式钢模板。宽度 300 mm 以下,长度 1 500 mm 以下,面板采用 Q235 钢板制成,面板厚 2.3 mm 或 2.5 mm,又称组合式定型小钢模或小钢模,主要包括平面模板、阴角模板、阳角模板、连接角模等。具有通用性强、装拆方便、周转次数多等优点,是一种"以钢代木"的模板形式。用它进行现浇钢筋混凝土结构施工,可事先按设计要求组拼成梁、柱、墙、楼板的大型模板,整体吊装就位,也可采用散装散拆方法进行安拆。

(2)复合模板。是由多层胶合板或竹胶板等复合板材与方木龙骨现场制作而成。复合木模板由面板和支撑系统组成,面板是使混凝土成型的部分;支撑系统是稳固面板位置和承受上部荷载的结构部分。模板的质量关系到混凝土工程的质量,应尺寸准确、组装牢固、拼缝严密、装拆方便。应根据结构的形式和特点选用恰当形式的模板,才能取得良好的技术经济效果。

无论哪种形式的模板,均由模板和支撑两大系统组成。模板系统包括面板及直接支撑面板的小楞,主要用于混凝土成型和支撑钢筋、混凝土及施工荷载。支撑系统主要是固定模板系统位置和支撑全部由模板传来的荷载。

由于模板可以重复使用,且并不参与实体工程中,其消耗属于摊销费用。摊销费用与企业和施工现场项目部对模板的管理能力有关,所以该费用应属于措施费用。2013 版《计价规范》中,将该部分内容编入混凝土构件中。因此,计价清单的编制中,需考虑该部分费用所处清单的编制位置。

4.1.1.2 钢筋工程

钢筋工程指在模板内按照施工图纸绑扎钢筋。其主要工艺为钢筋除锈、调直、加工、绑扎等内容,是钢筋混凝土构件制作工艺中最重要的一环。房屋建筑中,现浇钢筋标示以 G101 图集为制图标准,即平法图集。施工中以平法制图规则为准的施工图纸,对钢筋的表示是以危险截面最小钢筋配置要求作为施工图现浇钢筋的表示方法,现场实际钢筋配置是在施工图纸钢筋配置基础上的优化,也称为翻样。造价算量软件计算方法是将每个危险截面所有最小钢筋全部以统计形式合计计算,钢筋上有重复计算内容,软件计算的理论钢筋的数据大于实际使用的钢筋量。按此计算,显然按各截面最小要求计算钢筋的总和应大于现场经人工统筹后钢筋的总和。在实际应用时,施工企业与建设方共同认可的钢筋量通常以算量软件计算的工程量作为计价基准。

4.1.1.3 混凝土工程

混凝土工程是指在构件所需钢筋绑扎后,在构件上浇筑按设计要求比例拌和好的混凝土,分混凝土搅拌、振捣、构件成型、养护几个施工过程。混凝土分现场搅拌和商品混凝土两种。前者指在施工现场,施工方自行购买砂、石、水泥,然后按照强度要求的配合比,使用搅拌机进行拌和。商品混凝土则是随着建筑业专业化分工的细化和环保需要,统一由混凝土厂家拌和制作的商品混凝土。商品混凝土已在建筑工程中得到广泛使用。

4.1.2 预制混凝土

预制混凝土构件指将预先制作好的钢筋混凝土构件直接安装在设计构件的位置上，工艺主要分为制作、安装两部分。预制混凝土构件按制作构件的地点分为现场预制和加工厂预制。两种构件的制作地点不同，使得同一构件的价格不同。按预制钢筋材料分为普通预制混凝土构件和预应力混凝土构件。预制混凝土构件安装，主要采用起重设备将预制构件安放在指定位置后进行构件加固、安装、校正和焊接等系列工序。

(1)普通预制混凝土构件。分为现场预制和预制加工厂预制两种。现场预制构件价格由现场混凝土构件制作工序——现场混凝土搅拌、振捣、养护的费用构成。预制厂加工的混凝土构件价格，是运至工地的价格，由采购的单价和运输费组成。

(2)预应力混凝土构件。为了弥补普通混凝土易出现裂缝的现象，在构件使用(加载)以前，预先给混凝土一个预压力，即在混凝土的受拉区内，用人工加力的方法，将钢筋进行张拉，利用钢筋的回缩力，使混凝土受拉区预先承受压力。这种储存下来的预加压力，当构件承受由外荷载产生拉力时，首先抵消受拉区混凝土中的预压力，然后随荷载增加，才使混凝土受拉，这就限制了混凝土的伸长，延缓或不使裂缝出现，这就称为预应力混凝土。按施工工艺分为先张法与后张法，对钢筋要求较高，常用的预应力钢筋有冷拉Ⅲ级钢筋、冷拉Ⅳ级钢筋、冷扎带肋钢筋、热处理钢筋、高强钢筋等。

(3)装配式混凝土构件。指在预制混凝土构件加工厂制作的非标准化的构件，即在原现浇钢筋混凝土施工图纸上，维持建筑特征、结构形式原则下，进行二次结构拆分设计后，将拆分后的构件统一在预制构件加工厂内制作，现场只进行构件安装及嵌缝处理等的构件。装配式混凝土预制构件具有节约劳动力、环保节约、克服季节影响、便于常年施工等优点，是我国目前建筑工业化的重要发展方向之一。

4.2 《计价规范》混凝土及钢筋混凝土工程设置要点

《计价规范》房屋建筑与装饰专业中，附录 E 的内容将混凝土与钢筋混凝土分项工程进行了划分。主要分为三部分内容：一是现浇混凝土构件的混凝土工程类，包括现浇混凝土基础、现浇混凝土柱、现浇混凝土梁、墙、板、楼梯及其他现浇结构构件，如散水、地沟等，并单独定义"后浇带"项目；二是预制混凝土构件类，包括预制混凝土柱、预制混凝土梁、预制混凝土板、预制混凝土屋架、预制混凝土楼梯及其他预制混凝土构件，如垃圾道、风道等；三是钢筋工程，包括普通钢筋、预应力钢筋和螺栓铁件等。钢筋混凝土构件部分工程量计算方法以算量软件为主，手工计算为辅。对于初学人员，如何在施工图中快速找到构件工程量计算参数是学习重点。

4.2.1 现浇钢筋混凝土构件清单设置说明

《计价规范》将现浇钢筋混凝土构件分为两部分：一部分是表示构件混凝土部分的清单，包括混凝土工程和模板工程；另一部分是表示钢筋工程量清单子目，钢筋工程需按照结构施工图另列分项工程子目，单独成项，不限于某个构件的钢筋，整体结构内钢筋按钢筋类别设置清单。现浇类混凝土构件按结构受力特征与构造要求分为基础、柱、梁、墙、板、后浇带等。混凝土的计量单位为 m^3，钢筋的计量单位为 t。

4.2.1.1 现浇钢筋混凝土基础(010501)

现浇钢筋混凝土基础(010501)按结构形式主要分为垫层(010501001)、独立基础(010501002)、带形基础(010501003)、满堂基础(010501004)、桩承台(010501005)及设备基础(010501006)等六个分项工程。工程量按设计图示尺寸以体积计算，不扣除构件内钢筋预埋件等及伸入承台基础的桩头所占体积。项目特征需列明混凝土等级与混凝土类别。计算构件混凝土工程量时，由于手工计算繁冗，算量软件计算较方便，每个分项子目的工作内容均包含模板及支架(撑)、制作、安装、拆除、堆放、运输及清理模内杂物、刷隔离剂等，混凝土制作、运输、浇筑、振捣、养护。现浇钢筋混凝土基础构件特点如下：

(1)独立基础。建筑物上部结构采用框架结构或单层排架结构承重时，基础常采用圆柱形和多边形等形式的独立式基础，这类基础称为独立式基础，也称为单独基础。独立基础分为三种：阶形基础、坡形基础、杯形基础。

(2)带形基础。当独立基础不能满足地质环境及结构荷载要求时，将扩大部分连起来形成带形基础，有效地增加基础的强度、刚度及稳定性。带形基础分为有肋带形基础和无肋带形基础，制成清单项时，还应在项目特征中标明基础的肋高及肋宽。

(3)满堂基础。当带形基础不能满足地质环境及结构荷载要求时，将带形基础底部扩大部分连起来形成满堂基础，形成强度、刚度及稳定性较大的基础形式。由于满堂基础形状外观像大型混凝土板，故又称为筏板基础。

(4)桩承台。当建筑物采用桩基础时，在群桩基础上将桩顶用钢筋混凝土平台或者平板连成整体基础，以承受其上荷载的构件，此结构名为桩承台。

(5)当采用箱形基础时，应将箱形基础的底板(筏板)、墙、柱、顶板分别列项，不再单独设置项目。

(6)混凝土垫层。这一分项子目指设置在基础底部与地基土直接接触的构件。在本章节中材料仅限于混凝土，地面或室外工程使用钢筋混凝土垫层时，厚度应大于 60 mm。

4.2.1.2 现浇钢筋混凝土柱(010502)

现浇钢筋混凝土柱(010502)按构件形状分为矩形柱(010502001)、构造柱(010502002)、异形柱(010502003)等三个分项工程。"构造柱"指嵌在墙体内的附加构件，仅指砌筑工程的墙体，不包括现浇混凝土墙的约束构造柱。具体构造要求需参照砌体施工规范。由于构造柱截面大小与钢筋配置随着所附墙体或洞口的尺寸有关，因此构造柱在施工图纸中一般只有文字说明部分或在图纸中只列明构造要求所依据的规范名称。造价人员在编制清单时，需熟悉规范和图集内容。如：砌体填充墙长大于或等于 5 m，宜在墙中部设构造柱等。"异形柱"指柱横截面除矩形与构造柱截面外的其他截面形状的现浇混凝土构柱。如圆形柱、T 形柱、短肢剪力墙内的约束构造柱等。

现浇钢筋混凝土柱的项目特征需标明混凝土等级与混凝土类别。混凝土类别指普通混凝土、商品混凝土、特殊混凝土(如重混凝土、轻混凝土等)。特殊混凝土项目特征中还需注明添加剂种类，以及其他影响价格的因素。工程量计算按实际体积计算，不扣除构件内钢筋预埋件等，以及伸入承台基础的桩头所占体积。与其他构件交叉部分的混凝土计

算规定如下:

(1)有梁板的柱高,应自柱基上表面(或楼板上表面)至上一层楼板上表面之间的高度计算。

(2)无梁板的柱高,应自柱基上表面(或楼板上表面)至柱帽下表面之间的高度计算。

(3)框架柱的柱高,应自柱基上表面至柱顶高度计算。

(4)构造柱按全高计算,嵌接墙体部分(马牙槎)并入柱身体积。

(5)依附柱上的牛腿和升板的柱帽,并入柱身体积计算。

现浇钢筋混凝土柱的工作内容包括模板及支架(撑)制作、安装、拆除、堆放、运输及清理模内杂物、刷隔离剂等,混凝土制作、运输、浇筑、振捣、养护。

同其他构件相比,现浇钢筋混凝土柱中钢筋是构成柱子的主要材料,主要由箍筋与纵向钢筋组成,柱子钢筋的绑扎按结构层数设置、绑扎点与绑扎长度需按规范完成。钢筋绑扎需要根据施工图纸要求,选用符合设计要求的级别的钢筋进行绑扎。

4.2.1.3 现浇钢筋混凝土梁(010503)

现浇钢筋混凝土梁(010503)按梁的结构及施工特性的不同,分为基础梁(010503001)、矩形梁(010503002)、异形梁(010503003)、圈梁(010503004)、过梁(010503005)、弧(拱)形梁(010503006)六个分项工程。基础梁指直接以垫层顶为底模板的梁。异形梁指凡截面不是矩形的所有水平现浇钢筋混凝土梁,常用有花篮梁、T形梁等。圈梁是特指在砌体内沿水平方向设置封闭的钢筋混凝土梁,用以提高房屋空间刚度、增加建筑物的整体性、提高砖石砌体的抗剪强度和抗拉强度,防止由于地基不均匀沉降、地震或其他较大振动荷载对房屋的破坏。圈梁一般用于砌体结构中。过梁是为支撑洞口上部砌体所传来的各种荷载,通过设置在门窗洞口上的横梁,传力给门窗等洞口两边的墙。弧(拱)形梁是指梁的水平中心线呈弧线的梁。

现浇钢筋混凝土梁的项目特征需标明混凝土等级与混凝土类别。工程量计算按设计图示尺寸以体积计算。不扣除构件内钢筋、预埋铁件所占体积,伸入墙内的梁头、梁垫并入梁体积内。型钢混凝土梁扣除构件内型钢所占体积。为避免混凝土结构结点计算重复,梁的长度确定原则:

(1)梁与柱连接时,梁长算至柱侧面。

(2)主梁与次梁连接时,次梁长算至主梁侧面。现浇钢筋混凝土梁工作内容包括模板及支架(撑)制作、安装、拆除、堆放、运输及清理模内杂物、刷隔离剂,混凝土制作、运输、浇筑、振捣、养护等。

4.2.1.4 现浇钢筋混凝土墙(010504)

钢筋混凝土墙是承担水平荷载的主要构件,以力学作用命名墙体名称时,也称为剪力墙。随着装配式施工技术的不断提高,钢筋混凝土墙分为现浇混凝土墙与预制混凝土墙。钢筋混凝土墙中,在超过5 m长墙体中间、墙转角等危险截面部位,为增加力学稳定性,会设置构造柱起到约束与加固墙体稳定作用。这些构造柱与010502002构造柱不同,其施工特点与普通钢筋混凝土矩形柱及异形柱相似,当墙体内出现L形、Y形、T形、十字形、Z形、一字形等构造加强柱时,单肢墙体中心线长≤0.4 m,按柱项目列项。现浇钢筋混凝土墙(010504)按形状分为直形墙(010504001)、弧形墙(010504002)、短肢剪力墙

（010504003）、挡土墙（010504004）四个分项工程。直形墙指现场浇制钢筋混凝土作为主要材料，其长、宽、厚度中心线均为直线的墙体。弧形墙指长、宽轴线为弧线现场浇制的钢筋混凝土墙。短肢剪力墙是指墙肢截面的最大长度与厚度之比小于或等于6倍的剪力墙。挡土墙是指室外工程或地下工程中用来抵抗侧向土压力的钢筋混凝土构件，其厚度随着挡土压力的不断增加而增加。

现浇钢筋混凝土墙的项目特征仍需标明混凝土等级与混凝土类别。使用商品混凝土时，需注明运输距离。工程量按设计图示尺寸以体积计算，不扣除构件内钢筋、预埋铁件所占体积，扣除门窗洞口及单个面积 > 0.3 m² 的孔洞所占体积，墙垛及突出墙面部分并入墙体体积内计算。工作内容包括模板及支架（撑）制作、安装、拆除、堆放、运输及清理模内杂物、刷隔离剂等，混凝土制作、运输、浇筑、振捣、养护等。

4.2.1.5 现浇钢筋混凝土板（010505）

现浇钢筋混凝土板是直接承担荷载的主要构件，按照板的受力及形状分为两大类：一类是直接承受建筑物使用荷载的板，分为有梁板（010505001）、无梁板（010505002）、平板（010505003）、拱板（010505004）、薄壳板（010505005）、栏板（010505006）；另一类是房屋建筑中满足某种功能的附属构件，有天沟（檐沟）、挑檐板（010505007），雨篷、悬挑板、阳台板（010505008）、其他板（010505009）。有梁板指框架结构中，板与梁一起现浇的现浇钢筋混凝土板。无梁板是指板不通过梁，直接搭设在竖向结构构件上的现浇钢筋混凝土板。平板常指搁在墙体上的现浇混凝土板，砌体结构中直接与圈梁接触。拱板是用现浇混凝土，把拱肋、拱波结合成整体的结构物。目前，常用的有波形或折线形拱板。拱顶拱脚区段宜在拱板顶适当处设置横向钢筋，并与拱肋的锚固钢筋、拱板顶的纵向钢筋相连接，以加强拱圈的整体性。薄壳板指跨度比较大，板厚比较薄，采用弧线模板来支撑的板，有暗的截面和比较小的密肋梁。因为薄壳结构能够承受很大的压力，用来做成较大、较薄的屋顶，不但减轻屋顶重量，节约大量材料，而且内部可以空间很大而又没有柱子，所以大型建筑如大厅、体育场馆很多首选薄壳结构。栏板是建筑物中起到围护作用的一种构件，供人在正常使用建筑物时防止坠落，是一种板状护栏设施，封闭连续，一般用在阳台或屋面女儿墙部位，安全高度一般不低于 1.2 m。这些板构件工程量，按设计图示尺寸以体积计算，不扣除构件内钢筋、预埋铁件及单个面积 ≤ 0.3 m² 的柱、垛及孔洞所占体积。压型钢板混凝土楼板扣除构件内压型钢板所占体积。有梁板（包括主梁、次梁与板）按梁、板体积之和计算，无梁板按板和柱帽体积之和计算，各类板伸入墙内的板头并入板体积内，薄壳板的肋、基梁并入薄壳体积内计算。除有梁板外，板与支撑构件重合的混凝土部分计入支撑构件中。

天沟板、挑檐板（见图 4-1）是有组织排水措施的主体结构板。阳台板、雨篷板是房屋建筑附属构件的支撑板，清单列项时需分别列项。要点如下：

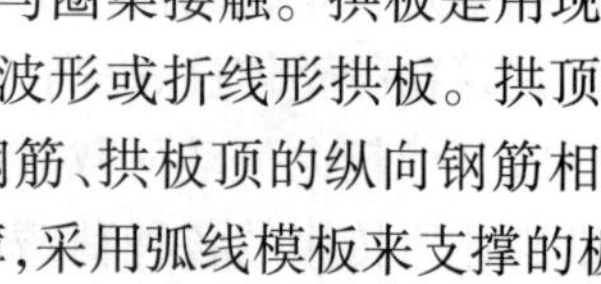

现浇挑檐、天沟板、雨篷、阳台与板（包括屋面板、楼板）连接时，以外墙外边线为分界线；与圈梁（包括其他梁）连接时，以梁外边线为分界线。外边线以外为挑檐、天沟、雨篷或阳台。

同其他混凝土结构构件一样，现浇钢筋混凝土计量单位仍为 m³，项目特征需标明混

图 4-1　天沟挑檐示意图

凝土等级与混凝土类别。工作内容包括模板及支架(撑)制作、安装、拆除、堆放、运输及清理模内杂物、刷隔离剂等,混凝土制作、运输、浇筑、振捣、养护等内容。

4.2.1.6　现浇钢筋混凝土楼梯(010506)

现浇钢筋混凝土楼梯(010506)按楼梯段轴线的形式分为直形楼梯(010506001)与弧形楼梯(010506002)两个分项工程。为计算方便,计量单位可以使用 m^2 或 m^3,以平方米计量时,按设计图示尺寸以水平投影面积计算,不扣除宽度≤500 mm 的楼梯井,伸入墙内部分不计算。以立方米计量时,按设计图示尺寸以体积计算。整体楼梯(包括直形楼梯、弧形楼梯)水平投影面积包括休息平台、平台梁、斜梁和楼梯的连接梁。当整体楼梯与现浇楼板无梯梁连接时,以楼梯的最后一个踏步边缘加 300 mm 为界。项目特征仍需标明混凝土等级与混凝土类别,工作内容同上述现浇钢筋混凝土构件。

4.2.1.7　现浇钢筋混凝土其他构件(010507)

现浇钢筋混凝土其他构件(010507)指房屋建筑中非主体结构的附属结构,包括散水、坡道(010507001),电缆沟、地沟(010507002),台阶(010507003),扶手、压顶(010507004),化粪池底、池壁、池顶(010507005 ~ 010507007),检查井底、井壁、井顶(010507008 ~ 010507010),其他零星构件(010507011)等。各构件特征及说明如下。

(1)散水、坡道(010507001)。工作内容中,不仅含现浇混凝土工程部分,还包括垫层、面层及其中填缝等内容。因此,项目特征除列明混凝土等级与混凝土类别,还需标明垫层材料种类、厚度,面层厚度,混凝土类别,混凝土强度等级,变形缝填塞材料、种类等。计量单位为 m^2,按设计图示尺寸以面积计算。不扣除单个≤0.3 m^2 的孔洞所占面积。

(2)电缆沟、地沟(010507002)。工作内容中,除现浇混凝土工程部分外,还包括土方工程、垫层、防护层等内容。项目特征需列明土壤类别,沟截面净空尺寸,垫层材料种类、厚度,混凝土类别,混凝土强度等级,防护材料种类。计量单位为 m,按设计图示尺寸以中心线长计算。工作内容包括挖填、运土石方,铺设垫层,模板及支撑制作、安装、拆除、堆放、运输及清理模内杂物、刷隔离剂等,混凝土制作、运输、浇筑、振捣、养护,刷防护材料等。

(3)台阶(010507003)。工作内容中,仅含现浇混凝土工程与模板工程。计量单位为 m^2 或 m^3 计量,以 m^2 计量,按设计图示尺寸水平投影面积计算;以 m^3 计量,按设计图示尺寸以体积计算。项目特征需列明断面尺寸,混凝土类别,混凝土强度等级。工作内容包括模板及支撑制作、安装、拆除、堆放、运输及清理模内杂物、刷隔离剂等,混凝土制作、运输、浇筑、振捣、养护,刷防护材料等。

(4)扶手、压顶(010507004)。工作内容中,仅含现浇混凝土工程与模板工程,计量单位为 m 或 m^3,按设计图示尺寸以延长米或 m^3 计量。项目特征需列明踏步高宽比,混凝土类别,混凝土强度等级。工作内容包括模板及支撑制作、安装、拆除、堆放、运输及清理模内杂物、刷隔离剂等,混凝土制作、运输、浇筑、振捣、养护,刷防护材料等。

(5)化粪池、检查井(010507005 ~ 010507010)。工作内容中,仅含现浇混凝土工程与模板工程,计量单位为 m^3,按设计图示尺寸以体积计算。项目特征需列明混凝土强度等级,防水、抗渗要求。工作内容包括模板及支撑制作、安装、拆除、堆放、运输及清理模内杂物、刷隔离剂等,混凝土制作、运输、浇筑、振捣、养护,刷防护材料等。

(6)其他构件(010507011)。主要指除上述现浇构件外的其他零星构件,一般指体积≤0.1 m³的混凝土构件。

4.2.1.8 后浇带(010508)

后浇带是指在建筑施工中为防止现浇钢筋混凝土结构由于自身收缩不均或沉降不均可能产生的有害裂缝,按照设计或施工规范要求,人为在基础底板、墙、梁相应位置留设的临时板带(内部钢筋连通不断开)。《计价规范》中,仅设置一项,计量单位为 m³,按设计图示尺寸以体积计算。项目特征需列明混凝土强度等级,防水、抗渗要求。工作内容包括模板及支撑制作、安装、拆除、堆放、运输及清理模内杂物、刷隔离剂等,混凝土制作、运输、浇筑、振捣、养护,刷防护材料等。

4.2.2 预制钢筋混凝土构件清单设置说明

预制钢筋混凝土构件指在工厂或工地预先加工制作的建筑物或构筑物的板。预制钢筋混凝土构件的品种是多样的:有用于工业建筑的柱子、基础梁、吊车梁、屋面梁、桁架、屋面板、天沟、天窗架、墙板、多层厂房的花篮梁和楼板等;有用于民用建筑的基桩、楼板、过梁、阳台、楼梯、内外墙板、框架梁柱、屋面檐口板、装修件等。目前有些工厂,还可以生产整间房屋的盒子结构,其室内装修和卫生设备的安装均在工厂内完成,然后作为产品运到工地吊装。由于预制构件具有节约劳动力、克服季节影响、便于常年施工等优点,是建筑工业化发展的主要方向之一。

预制构件的施工工艺包括构件制作、运输、安装三个主要内容。2013 版《计价规范》中,仅设置了预制钢筋混凝土柱、预制钢筋混凝土梁、预制钢筋混凝土屋架、预制钢筋混凝土板、预制钢筋混凝土楼梯和其他预制钢筋混凝土构件。随着装配式构件的发展,可以在工厂预制的非标准式的预制构件已开始在市场上逐步推广。

4.2.2.1 预制钢筋混凝土柱(010509)

预制钢筋混凝土柱包括矩形柱(010509001)与异形柱(010509002)两个子目。计量单位为 m³ 或根,以 m³ 计量时,按设计图示尺寸以体积计算,不扣除构件内钢筋、预埋铁件所占体积;以根计量时,需按设计图示尺寸以数量计算。项目特征需列明图代号,单个构件体积,安装高度,混凝土强度等级,以及灌缝砂浆强度等级、配合比等。工作内容包括构件安装,砂浆制作、运输,接头灌缝、养护等。

4.2.2.2 预制钢筋混凝土梁(010510)

预制钢筋混凝土梁包括矩形梁(010510001)、异形梁(010510002)、过梁(010510003)、拱形梁(010510004)、鱼腹式吊车梁(010510005)、风道梁(010510006)六个子目。计量单位为 m³ 或根,以 m³ 计量时,按设计图示尺寸以体积计算,不扣除构件内钢筋、预埋铁件所占体积;以根计量时,需按设计图示尺寸以数量计算。项目特征需列明图代号,单个构件体积,安装高度,混凝土强度等级及灌缝砂浆强度等级、配合比等。工作内容包括构件安装,砂浆制作、运输,接头灌缝、养护等。

4.2.2.3 预制钢筋混凝土屋架(010511)

预制钢筋混凝土屋架一般用于大跨度钢筋混凝土结构,需将屋面荷载通过屋架形式传到两边的竖向承重结构上。由于构件形式中间起拱,组成屋架的钢筋混凝土构件需承担拉力,所以屋架钢筋混凝土结构需使用预应力构件,常用的有折线形屋架(010511001)、组合屋架(010511002)、薄腹屋架(010511003)、门式刚架屋架(010511004)、天窗架(010511004)。计量单位为 m³ 或根,以 m³ 计量时,按设计图示尺寸以体积计算,不扣除构件内钢筋、预埋铁件所占体积;以根计量时,需按设计图示尺寸以数量计算。项目特征需列明图代号,单个构件体积,安装高度,混凝土强度等级及灌缝砂浆强度等级、配合比等。工作内容包括构件安装,砂浆制作、运输,接头灌缝、养护等。

4.2.2.4 预制钢筋混凝土板(010512)

预制钢筋混凝土板有平板(010512001),空心板(010512002),槽形板(010512003),网架板(010512004),折线板(010512005),带肋板(010512006),大型板(010512007),沟盖板、井盖板、井圈(010512008)等八个子目。计量单位为 m³ 或块,以 m³ 计量时,按设计图示尺寸以体积计算,不扣除构件内钢筋、预埋铁件所占体积;以块计量时,需按设计图示尺寸以数量计算。项目特征需列明图代号,单个构件体积,安装高度,混凝土强度等级及灌缝砂浆强度等级、配合比等。工作内容包括构件安装,砂浆制作、运输,接头灌缝、养护等。清单描述预制钢筋混凝土板时若以块、套计量,必须描述单件体积。

不带肋的预制遮阳板、雨篷板、挑檐板、栏板等,应按"平板"分项工程编码列项。预制 F 形板、双 T 形板、单肋板和带反挑檐的雨篷板、挑檐板、遮阳板等,按带肋板(010512006)分项编码列项。

4.2.2.5 预制钢筋混凝土楼梯(010513)

计量单位为 m³ 或块,以 m³ 计量时,按设计图示尺寸以体积计算,不扣除构件内钢筋、预埋铁件所占体积,扣除空心踏步板空洞体积;以块计量时,按设计图示数量计算。项目特征需列明楼梯类型、单件体积、混凝土强度等级、砂浆强度等级。工作内容包括构件安装,砂浆制作、运输,接头灌缝、养护。

4.2.2.6 其他预制构件(010514)

其他预制构件包括垃圾道、通风道、烟道(010514001),其他构件(010514002),水磨石构件(010514003)三个子目。计量单位为 m³、m²、根或块计量,以 m³ 计量时,按设计图示尺寸以体积计算,不扣除构件内钢筋、预埋铁件及单个面积≤300 mm×300 mm 的孔洞所占体积,扣除烟道、垃圾道、通风道的孔洞所占体积;以 m² 计量时,按设计图示尺寸以面积计算,不扣除构件内钢筋、预埋铁件及单个面积≤300 mm×300 mm 的孔洞所占面积;以根计量,按设计图示尺寸以数量计算。预制钢筋混凝土成品垃圾道、通风道、烟道项目特征需列明构件单件体积、混凝土强度等级、灌注砂浆强度等级。其他构件包括预制钢筋混凝土小型池槽、压顶、扶手、垫块、隔热板、花格等,项目特征中还需注明构件类型。水磨石构件是用砂浆加入小石子打磨的成品水磨石板,属于建筑构件,因此在项目特征中还需注明构件的用途,水磨石面层厚度,水泥石子浆配合比,石子品种、规格、颜色及酸洗、打蜡要求。

4.2.3 钢筋与铁件工程(010515)

钢筋是指钢筋混凝土构件中普通钢筋和预应力钢筋,是混凝土构件组成部分,包括光圆钢筋、带肋钢筋、扭转钢筋。与钢结构中的钢不同,钢筋是指钢筋混凝土配筋用的直条或盘条状钢材,其外形分为光圆钢筋和变形钢筋两种,交货状态为直条和盘圆两种。主要工艺为钢筋加工、运输与绑扎。《计价规范》的钢筋子目设置以钢筋种类作为分项工程划分标准,不限于钢筋所在构件类别。工程量按设计图示尺寸以 t 计算。平法制图方式的推广,使得钢筋工程量的计算结果不再唯一,市场上以算量软件计算结果作为计价工程量,不以钢筋实际下料长度为计价工程量(作成本工程量),结果与现场实际制作的钢筋数量有所不同。《计价规范》中,对于预应力钢筋现场制作,还需考虑施工措施,如先张法钢筋,需确定使用锚具的规格、型号,是否为永久性锚具等内容。

4.2.3.1 钢筋工程

钢筋工程普通钢筋有现浇构件钢筋(010515001)、钢筋网片(010515002)、钢筋笼(010515003)、支撑钢筋(010515009),具有良好的塑性与强度。施工时一般用于现浇结构构件或建筑构件中。计量单位为 t,按设计图示钢筋(网)长度(面积)乘以单位理论质量计算。项目特征需列明钢筋种类、规格。预应力钢筋分为先张法预应力钢筋(010515004)、后张法预应力钢筋(010515006)、预应力钢丝钢筋(010515007)、钢绞线(010515008)等,预应力钢筋需将构件内的钢筋进行张拉,浇灌混凝土之前的张拉称为先张法,混凝土构件形成后张拉称为后张法。有些预应力构件还需用其他种钢材如钢丝和钢绞线。影响预应力钢筋价格的因素不仅有材料的用量,还有张拉锚具,因此项目特征还需列明锚具名称、规格、型号等。工作内容包括钢筋制作、运输,安装,绑扎。

4.2.3.2 其他子目

在《计价规范》中,还定义了和措施有关的分项工程,指施工图纸未注明,但施工时必须有的措施钢筋构件:有支撑钢筋(马凳筋)、铁件、螺栓、机械连接、声测管等分项子目。随着装配式建筑的发展,在预制构件厂加工的非标准化构件种类越来越多。2013 版《计价规范》定义的预制构件内容远远不够,各省市建设主管部门另补充了相关的装配式建筑的补充清单。

4.3 定额子目列项及计价要点

《河南省房屋建筑与装饰工程预算定额》(HA01—31—2016)是在《房屋建筑与装饰工程消耗量》(TY01—31—2015)、2013 版《计价规范》及相关增值税文件的基础上,结合河南省建设领域工程计价改革编制的房建工程价格文件。定额第五章是钢筋混凝土分项工程构件的基准价格,分项工程价格按综合施工工序分为五部分:一是钢筋混凝土构件现场制作的混凝土工程价格,包括混凝土浇筑、振捣、养护;二是预制构件的现场制作的基准价格;三是钢筋工程,包括钢筋加工、绑扎、运输等;四是模板工程,包括构件模板及支撑制作、安装、拆除、堆放、运输及清理模内杂物、刷隔离剂等;五是预制构件安装,包括构件就位、运输、安装等内容。初学者需学习各子目之间价格的联系与关系。定额的每一项子目基准价格由人工费、材料费、机械费、管理费、利润、安文费、组织措施费、规费组成,即不含税单价。

定额的混凝土结构,在《计价规范》房屋建筑专业 E 分部关于混凝土工程各分项工程的定义的基础上,以施工工艺、材料、机械相同的施工过程划分准则,对各分项工程的基本价格,依据河南省本地建筑市场交易习惯确定了平均生产力下的工程费用。

由于模板工程与混凝土工程的施工工艺不同,因此定额将《计价规范》的现浇混凝土构件对应的子目分为两部分,一部分是混凝土的浇筑、振捣与养护(含混凝土费用),一部分是模板工程包括模板及支撑制作、安装、拆除、堆放、运输及清理模内杂物、刷隔离剂等。按照河南省建筑业情况,定额设定的混凝土基准是预拌混凝土,即混凝土价格为商品混凝土直接送到现场价格,若采用现场搅拌混凝土,需按照相应的子目配合现场搅拌混凝土调整费项目进行换算。现场搅拌混凝土调整费项目中,仅包含了冲洗搅拌机用水量,如需冲洗石子,用水量另行处理。《河南省房屋建筑与装饰工程预算定额》设定标准混凝土是预拌混凝土(到施工现场的商品混凝土的不含税价格)。混凝土若现场用砂子、石子、水泥、水、原材料按一定比例搅拌,则执行相应的预拌混凝土项目,需将预拌混凝土的单方价格换算为原材料的价格后,再执行现场搅拌混凝土调整费项目。混凝土按常用强度等级考虑,设计强度等级不同时可以换算;混凝土各种外加剂统一在配合比中考虑;图纸设计要求增加的外加剂另行计算。现场搅拌混凝土调整费项目中,仅包含了冲洗搅拌机用水量,如需冲洗石子,用水量另行处理。预拌混凝土是指在混凝土厂集中搅拌、用混凝土罐车运输到施工现场并入模的混凝土。若现场需用固定泵、泵车来运输混凝土,则仅限于混凝土在施工现场但未入模的情况。泵车项目仅适用于高度在 15 m 以内,固定泵项目适用于所有高度。定额补充型钢筋混凝土的基准价格,并规定型钢骨架所占体积按密度(7 850 kg/m³)扣除。定额的计量单位为扩大基本单位 10 m³,工程量按设计图示尺寸以体积计算。

4.3.1 现浇钢筋混凝土构件的混凝土工程计价要点

现浇钢筋混凝土构件的工程量计算分为三部分:混凝土工程量、钢筋工程量、模板工程量。其中钢筋工程与模板工程计算过程复杂,计算方法以软件计量为主,工程量计算的参数、构件价格组成是学习重点。这一部分的基准价格仅包括外购混凝土运到现场的不含税价格和在现场浇筑、振捣、养护的价格。

4.3.1.1 现浇钢筋混凝土基础

由混凝土基础形式引起施工工艺消耗不同,定额补充这些构件的计算规则,如带形基础。各分项工程量计算规则与《计价规范》规定一致,定额的现浇混凝土构件仅包括混凝土购买、浇筑、振捣、养护的综合施工过程的价格,模板工程与钢筋工程的价格在其他专用子目中。定额将现浇混凝土基础分为 10 个子目,各子目计价要点如下:

(1)垫层(5-1),区别于地面构件的垫层,仅指设在基础下,无钢筋的基础混凝土垫层。这一部分的价格也适用室内、室外构件的混凝土垫层,但要求垫层厚度 >60 mm。

(2)带形基础与独立基础(5-2~5-3)子目中,定额将带形基础与独立基础使用毛石混凝土与普通混凝土分为不同子目。子目中的毛石混凝土,是按毛石混凝土体积的 20% 计算,如设计要求不同时,可以换算。带形基础,不论是有肋式还是无肋式均按"带形基础"项目计算。有肋式带形基础,肋高(指基础扩大顶面至梁顶面的高)小于或等于 1.2 m 时,合并计算;大于 1.2 m 时,扩大顶面以下的基础部分,按无肋带形基础项目计算,扩大顶面以上部分,按混凝土墙的基准价格计算。

（3）独立基础(5-4~5-6)子目在定额中分为三种，毛石混凝土独立基础、普通混凝土独立基础、杯形独立基础。独立桩承台执行独立基础项目；带形桩承台执行带形基础项目；与满堂基础相连的桩承台执行满堂基础项目。高杯基础子目，基础扩大顶面以上短柱部分高大于 1 m 时，短柱与基础分别计算，短柱执行柱项目，基础之下执行独立基础项目。

（4）满堂基础(5-7~5-8)，由于满堂基础内是否有加固梁对施工效率有影响，定额将满堂基础细化为有梁式与无梁式，并说明带形桩承台执行带形基础项目，与满堂基础相连的桩承台执行满堂基础项目。满堂基础底面向下加深的梁，可按带形基础计算。

（5）设备基础(5-9~5-10)，设备基础施工过程分为设备安装前基础制作和安装后对固定件进行二次灌浆过程，二者施工工艺完全不同，价格亦不相同，因此定额设定两个子目：设备基础与二次灌浆。设备基础除块体（块体设备基础是指没有空间的实心混凝土形状）以外，其他类型的设备基础分别按基础、柱、墙、梁、板等有关规定计算；二次灌浆，当灌注材料与设计不同时，可以换算。

（6）箱式基础价格由基础、柱、墙、梁、板等相关构件价格计算组成。

4.3.1.2 现浇钢筋混凝土柱

现浇钢筋混凝土柱(5-11~5-15)的价格列项是在清单定义的基础上进行划分的。为精确基准价格数值，并对可能产生价格差异的构件进行补充，如清单中"异形柱"子目在定额中分为异形柱、圆形柱、钢管混凝土柱。定额中的异形柱仅包括 L 形、十字形、T 形、Z 形的柱，编制清单时，圆形柱与钢管混凝土柱按《计价规范》中的异形柱的编码编制，但计价时需使用相应的定额子目进行组价。现浇混凝土柱（不含构造柱）是按高度（板面或地面、垫层面至上层板面的高度）3.6 m 综合考虑的。如遇斜板面结构时，柱分别以各柱的中心高度为准；计量单位使用扩大计量单位 10 m³。工程量计算规则与《计价规范》规定的内容相同，补充了钢管混凝土柱项目的基准价格。钢管混凝土柱计算规则：以钢管高度按照钢管内径计算混凝土体积，钢管柱制作、安装执行定额"金属结构工程"相应项目；钢管柱浇筑混凝土使用反顶升浇筑法施工时，增加的材料、机械另行计算。

4.3.1.3 现浇钢筋混凝土梁

现浇钢筋混凝土梁(5-16~5-22)的分项价格列项是在清单定义的分项构件基础上进行划分的。补充会产生价格差异的同类构件，增加了斜梁的价格子目。工作内容与计量单位与其他现浇构件相同，工程量计算规则在规范基础上补充了下列内容：

（1）混凝土圈梁与过梁连接着，分别套用圈梁、过梁定额，其过梁长度按门窗外围宽度两端共加 50 cm 计算。

（2）斜梁的内容：按坡度 >10°且≤30°综合考虑。斜梁（板）坡度在 10°以内执行梁、板项目；坡度在 30°以上、45°以内时人工乘以系数 1.05，坡度在 45°以上、60°以内时人工乘以系数 1.10，坡度在 60°以上时人工乘以系数 1.20。

（3）与主体结构不同时，浇捣的厨房、卫生间等处墙体下部现浇混凝土翻边执行圈梁相应项目。

4.3.1.4 现浇钢筋混凝土墙

现浇钢筋混凝土墙(5-23~5-29)的分项子目是对应《计价规范》(010504)各构件子目的混凝土工程的基准价格。补充了毛石混凝土直形墙 5-23、电梯直形井壁墙

5-28、滑膜混凝土墙5-29的基准价格子目。计量单位仍采用扩大计量单位10 m³,工程量计算规则定义更为详细,计价要点如下:

(1)直行墙中门窗洞口上的梁并入墙体积,短肢剪力墙结构砌体内门窗洞口上的梁并入梁体积。

(2)墙与柱连续时墙算至柱边,墙与梁连续时墙算至梁底,墙与板连续时板算至墙侧,凸出墙面的暗梁、暗柱并入墙体积。直行墙中门窗洞口上的梁并入墙体积,短肢剪力墙结构砌体内门窗洞口上的梁并入梁体积。

4.3.1.5 现浇钢筋混凝土板

现浇钢筋混凝土板(5-30~5-45)分项子目是对应《计价规范》规定六类板的混凝土工程基准价格。增加了现场浇制预应力空心楼板5-35、复合空心板5-36、斜板封坡屋面板5-37、飘窗板5-30、挂板5-31、预制板间补缝5-45等项目,均指现场在构件相应位置上制作的钢筋混凝土构件。计量单位仍采用扩大计量单位10 m³,在《计价规范》规定的工程量计算规则基础上,补充了与价格相关的规定,计价要点如下:

(1)叠合梁、板分别按梁、板相应项目执行。

(2)压型钢板上浇捣混凝土,执行平板项目,人工乘以系数1.10。

(3)钢组合混凝土构件,执行普通混凝土相应构件项目,人工、机械乘以系数1.20。

(4)挑檐、天沟壁高度≤400 mm,执行挑檐项目;挑檐、天沟壁高度>400 mm,按全高执行栏板项目。阳台不包括阳台栏板及压顶内容。

(5)空调板执行悬挑板子目。

(6)预制板间补现浇缝,适用于板缝小于预制板的模数,但需要支模才能浇筑的混凝土板缝。

凸出混凝土柱、梁的线条,并入相应柱、梁构件内;凸出混凝土外墙面、阳台梁、栏板外侧≤300 mm的装饰线条,执行扶手、压顶项目;凸出混凝土外墙、梁外侧>300mm的板,按伸出外墙的梁、板体积合并计算,执行悬挑板项目。

4.3.1.6 现浇钢筋混凝土楼梯

现浇钢筋混凝土楼梯(5-46~5-48)分项是对应于《计价规范》楼梯分项子目的基准价格,并增加了螺旋楼梯(5-48)基价,采用以水平投影面积作为扩大计量单位10 m²,工程量计量规则与《计价规范》相同,对引起价格差异的部分,叙述得更为详细,计价要点如下:

(1)楼梯是按建筑物一个自然层双跑楼梯考虑的,如单坡直行楼梯(即一个自然层、无休息平台)按相应项目定额乘以系数1.2,三跑楼梯(即一个自然层、两休息平台)按相应项目定额乘以系数0.9,四跑楼梯(即二个自然层、三休息平台)按相应项目定额乘以系数0.75。当图纸设计板式楼梯梯段底板(不含踏步三角部分)厚度大于150 mm、梁式楼梯梯段底板(不含踏步三角部分)厚度大于180 mm时,混凝土消耗量按实调整,人工按相应比例调整。

(2)弧形楼梯是指一个自然层旋转弧度小于180°的楼梯,螺旋楼梯是指一个自然层旋转弧度大于180°的楼梯。

4.3.1.7 现浇钢筋混凝土其他构件

现浇钢筋混凝土其他构件(5-49~5-54)是《计价规范》"现浇混凝土其他构件"相同名称对应的混凝土部分基价,散水、台阶、场馆看台以 10 m² 水平投影面积作为扩大计量单位,地沟、扶手、压顶、小型构件按设计图示尺寸以扩大计量单位 10 m³ 计算。工作内容仅含混凝土浇筑、振捣、养护综合施工过程。因此,计价时需注意按图纸要求补充每个构件工艺措施的基价。如工程量清单设置的散水分项,计价时还需计入散水垫层、面层、伸缩缝等内容。各构件的计价要点如下:

(1)散水混凝土厚度按 60 mm 编制,如设计厚度不同,可以换算;工作内容包含了混凝土浇筑、表面压实抹光及嵌缝内容,未包括基础夯实、垫层内容。

(2)台阶混凝土含量是按 1.22 m³/10 m² 综合编制的,如设计含量不同,可以换算;台阶包括了混凝土浇筑及养护内容,未包括基础夯实、垫层及面层装饰内容,发生时执行其他章节相应项目。

(3)外形尺寸体积在 1 m³ 以内的独立池槽执行小型构件项目,1 m³ 以上的独立池槽及建筑物相连的梁、板、墙结构式水池,分别执行梁、板、墙相应项目。

(4)小型构件是指单件体积 0.1 m³ 以内且未列项目的小型构件。

4.3.1.8 后浇带

后浇带(5-55~5-58)分项工程是在清单后浇带(010508001)分别设在梁、板、墙、基础构件不同情况时的费用。计量单位仍为扩大单位 10 m³,工作内容仅含混凝土浇筑、振捣、养护综合施工过程。后浇带定额基价包括了与原混凝土接缝处的钢丝网片的费用。

4.3.1.9 模板工程

各构件模板工程费用(5-180~5-302)是配合定额现浇混凝土构件 5-1~5-81相对应的模板的费用,两者工作内容之和与《计价规范》规定的各构件工作内容能够吻合。模板工程的计量单位是水平投影面积 100 m²,模板工程量按照实际体积计算。在实际操作中,常常以软件计算工程量为主。其工程量计算参数与混凝土构件参数设置一致,大部分算量软件两者输入条件参数一致。

4.3.2 预制钢筋混凝土构件计价要点

预制混凝土构件基准价格与工序有关,《计价规范》分项设置以完成全部预制构件工作为一个子目。定额将预制构件施工工序分为构件制作、安装两部分,构件制作分为现场制作、预制加工厂制作。现场制作构件的工序,要分别考虑计算混凝土工程、钢筋工程、模板工程的价格。预制加工厂制作的构件要考虑构件购买、运输价格。安装工序包括构件就位、安装、嵌缝等。《河南省房屋建筑与装饰工程预算定额》(HA01—31—2016)中,按照施工工艺相同的消耗的综合过程,定额仅按预拌混凝土编制了施工现场预制的小型构件项目,其他混凝土预制构件均按外购成品考虑。

(1)构件安装不分履带式起重机或轮胎式起重机,以综合考虑编制。构件安装是按单机作业考虑的,如因构件超重(以起重机械起重量为限)须双机台吊时,按相应项目人工、机械乘以系数 1.20。

(2)构件安装是按机械起吊中心回转半径 15 m 以内距离计算的。如超过 15 m,构件须用起重机移动就位;运距在 50 m 以内的,起重机械乘以系数 1.25;运距超过 50 m 的,应另按构件运输项目计算。

(3)小型构件安装是指单体构件体积小于 0.1 m³ 的构件安装。

(4)装配式建筑构件按外购成品考虑。包括预制钢筋混凝土柱、梁、叠合梁、叠合楼板、叠合外墙板、外墙板、内墙板、女儿墙、楼梯、阳台、空调板、预埋套管、注浆等项目。未包括构件卸车、堆放支架及垂直运输机械等内容。如预制外墙构件中已包含窗框安装,则计算相应窗扇费用时应扣除窗框安装人工。柱、叠合楼板项目中已包括接头、灌浆工作内容,不再另行计算。

预制混凝土构件计算均按设计图示尺寸以体积计算,不扣除构件内钢筋、铁件及小于 0.3 m² 以内孔洞所占体积。定额将各分项工程的基准价格拆分为五部分:现场混凝土构件制作、钢筋工程、模板工程、构件安装运输、补缝五个综合工过程。实际运用时,按照预制构件实际来源对构件进行组价。5 - 303 ~ 5 - 367 是基于《计价规范》010509 ~ 010514 的预制混凝土各构件设定的分项工程安装费用,包括预制混凝土构件就位、加固、安装、校正等。

4.3.2.1 预制混凝土构件制作(5 - 59 ~ 5 - 64)

预制混凝土构件制作包括预制混凝土过梁、预制混凝土架空隔热板、地沟盖板、漏空花格、小型构件等。小型构件是指在现场制作的普通预制混凝土构件。这一部分基准价格仅包括现场混凝土的浇筑、振捣、养护的工序。定额对预制构件现场制作时需要的机械搅拌(5 - 82)费用与场内运输(5 - 87、5 - 88)费用进行了专门的补充。

4.3.2.2 混凝土构件中的钢筋工程(5 - 89 ~ 5 - 170)

预制混凝土构件制作时的钢筋工程的基准价格,无论是现场制作还是预制构件厂订做加工,钢筋工程的基准价格一致,工程量按设计图示实际计算,套用定额价格。

4.3.2.3 预制板间灌缝(5 - 65 ~ 5 - 81)

该子目的基准价格是补充预制构件安装时,由于预制产品间距过大需要的各种构件灌缝需要的费用。其计量单位、工作内容与其他现浇混凝土构件相同。

4.3.2.4 预制混凝土构件(5 - 303 ~ 5 - 367)

预制混凝土构件是指安装制作完成后,垂直运输工具吊装到指定位置进行安装,5 - 303 ~ 5 - 367 是安装及场内运输费用,包括预制混凝土构件就位、加固、安装、校正等。所有预制构件无论现场或工厂制作,均可按构件类型套用相关子目的有关费用。

1.混凝土构件运输价格计价要点

(1)构件运输适用于构件堆放场地或构件加工厂至施工现场的运输。运输以 30 km 以内(包括 30 km)考虑,30 km 以上另行计算。

(2)构件运输基本运距按场内运输 1 km、场外运输 10 km 分别列项,实际运距不同时,按场内每增减 0.5 km,场外每增减 1 km 项目调整。

(3)预制混凝土构件运输,按预制混凝土构件分类,就高不就低的原则执行。

2.构件安装子目计价要点

(1)构件安装不包括运输、安装过程中起重机械、运输机械场内行驶,道路加固、铺垫工作的人工、材料、机械消耗,发生费用时另行计算。

(2)构件安装高度以 20 m 以内为准,安装高度(除塔吊施工外)超过 20 m 且小于 30 m 时,按相应项目人工、机械乘以系数 1.20,安装高度(除塔吊施工外)超过 30 m 时,另行计算。

(3)构件安装需另行搭设的脚手架,按批准的施工组织设计要求,执行本定额"措施项目"脚手架工程相应项目。

(4)塔式起重机的机械台班均已包括在垂直运输机械费用项目中。单层房屋屋盖系统预制混凝土构件,必须在跨外安装的,按相应项目的人工、机械乘以系数 1.18;但使用塔式起重机施工时,不需乘以系数。

(5)预制混凝土矩形柱、工形柱、双肢柱、空格柱、管道支架等安装,均按柱安装计算。

(6)组合屋架安装,以混凝土部分体积计算,钢杆件部分不计算。

(7)预制板安装,不扣除单个体积≤0.3 m² 的孔洞所占体积,扣除空心板空洞体积。

3.装配式建筑构件安装

(1)装配式建筑工程量均按设计图示尺寸以体积计算,不扣除构件内钢筋、预埋件等所占体积。

(2)装配式墙、板安装,不扣除单个体积≤0.3 m² 的孔洞所占体积。

(3)装配式楼梯安装,应扣除空心踏步板空洞体积后,以体积计算。

(4)预埋套筒、注浆按数量计算。

(5)墙间空腹注浆按长度计算。

除上述内容外,关于非标准预制构件在工厂内制作、运输的基准价格由《河南省装配式建筑定额》补充。

4.3.3 钢筋工程计价要点

钢筋工程(5-89~5-170)按照清单规定的各个子目,分别给出了河南地区钢筋的费用,定额中各项费用包含工作内容与清单基本能够一一对应,并增加了接头的费用,用来补充钢筋工程中出现焊接及机械连接时所增加的费用。各种钢筋的工程量的计算均按照设计图纸计算,以 t 计量。实际应用中,现浇混凝土结构使用平法制图,表现危险截面所满足的各项荷载(受力、锚固、抗震、搭接要求等)下的钢筋配置最小值,实际钢筋的用量会根据建筑企业的管理水平有所变化。钢筋工程按钢筋的不同品种和规格以现浇构件、预制构件、预应力构件及箍筋分别列项,钢筋的品种、规格比例按常规工程设计综合考虑。钢筋的工程量计算通常以算量软件与翻样软件计算为主。翻样软件是施工时下料需要的专用辅助工具,亦是建筑企业计算钢筋成本的重要工程量计算软件。计价要点如下:

(1)除定额规定单独列项计算外,各类钢筋、铁件的制作成型、绑扎、安装、接头、固定所用人工、材料、机械消耗均已综合在相应项目中,设计图纸另有规定者,按设计要求计算。直径 25 mm 以上的钢筋连接按机械连接考虑。

(2)钢筋工程中措施钢筋,按设计图纸规定及施工验收规范要求计算,按品种、规格执行相应项目。如采用其他材料时,另行计算。

型钢组合混凝土构件中,型钢骨架执行定额"第六章 金属结构工程"相应项目;钢筋现浇混凝土构件钢筋相应项目,人工乘以系数1.50,机械乘以系数1.15。

弧形构件钢筋执行钢筋相应项目,人工乘以系数1.05。

混凝土空心楼板(ADS空心板)中钢筋网片执行现浇构件钢筋相应项目,人工乘以系数1.30,机械乘以系数1.15。

预应力钢筋混凝土构件中的非预应力钢筋按钢筋相应项目执行。

非预应力钢筋未包括冷加工,当设计要求冷加工时,应另行计算。

预应力钢筋如设计要求人工时效处理时,应另行计算。

后张法钢筋的锚固是按钢筋帮条焊、U形插垫编制的,当采用其他方法锚固时,应另行计算。

预应力钢丝束、钢绞线综合考虑了一端、两端张拉;锚具按单锚、群锚分别列项,单锚按单孔锚具列入,群锚按3孔列入。预应力钢丝束、钢绞线长度大于50 m时,应采用分段张拉;用于地面预制构件时,应扣除项目中张拉平台摊销费。

植筋不包括植入的钢筋制作、化学螺栓,钢筋制作按钢筋制作相应项目执行。

地下连续墙钢筋笼安放,不包括钢筋制作,钢筋笼制作按现浇钢筋制作相应项目执行。

固定预埋铁件(螺栓)所消耗的材料按实计算,执行相应项目。

4.4 实 例

【例4-1】 根据附录,编制地下室部分钢筋混凝土构件(垫层、筏板基础、矩形柱、0.15 m梁板,见图4-2～图4-6)的分部分项工程量清单。

分析:附录中相关施工图包括地下室平面布置图、地下室底板配筋图、剖面图、地下室防水构造图、0.15 m处梁板钢筋布置图,这些施工图从平面、立面、剖面充分表达了房屋的设计意图和施工要求,初学者应学会综合看图,并找出各参数的关系与联系。清单中,尽管发包方不需要填写金额,但为使计价文件统一,仍需要留出表格样式,保证后期计价文件格式有一个统一的标准。编制要求见第2章例题。尽管编制工程量清单不标明工作内容,但每个分项工程前九位编码均对应一定的工作内容。

本案例属于框架结构,参数是:基坑底标高−3.7 m,垫层厚100 mm,筏板基础厚度为400 mm,即柱子应从−3.2 m算起,上层层高为梁顶标高,即地下室框架柱KZ1～KZ5,共10根,按《计价规范》相关子目规定,工程量清单项目特征需列明混凝土类别与混凝土强度。混凝土类别以定额为预拌混凝土,等级为C30。地下室应编制的清单子项有垫层(010501001001)、满堂基础(010501004001)、框架柱(010502001001)、矩形梁(010503001001)。

解:框架柱的清单工程量计算:

$$V = 0.3 \times 0.4 \times [0.15 - (-3.2)] \times 10 = 4.02 (m^3)$$

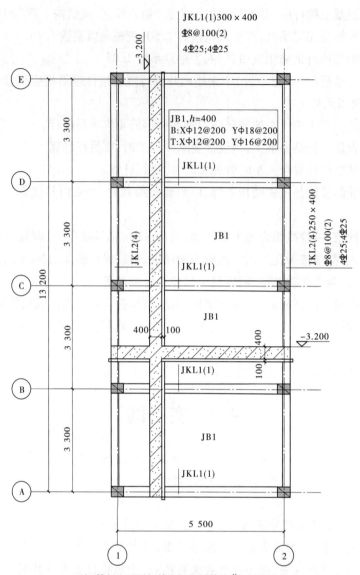

注:筏板上下层钢筋之间马凳筋为Φ18@1000

图4-2 地下室底板配筋

矩形梁的工程量:

$$V_{KL} = (5.5 + 1.8 - 0.12 - 0.2 - 0.2 \times 2) \times 0.25 \times 0.5 \times 5 = 4.1 \, (m^3)$$

$$V_{LL1} = (13.2 - 0.15 \times 2 - 0.3 \times 3) \times 0.25 \times 0.3 = 0.9 \, (m^3)$$

$$V_{LL2} = (13.2 - 0.15 \times 2 - 0.3 \times 3) \times 0.25 \times 0.3 = 0.9 \, (m^3)$$

$$V_{LL3} = (13.2 - 0.15 \times 2 - 0.3 \times 3) \times 0.25 \times 0.27 = 0.81 \, (m^3)$$

$$V = 4.1 + 0.9 + 0.9 + 0.81 = 6.71 \, (m^3)$$

其他工程量计算见附件的工程量计算书,将分析的内容对应填入表4-1。

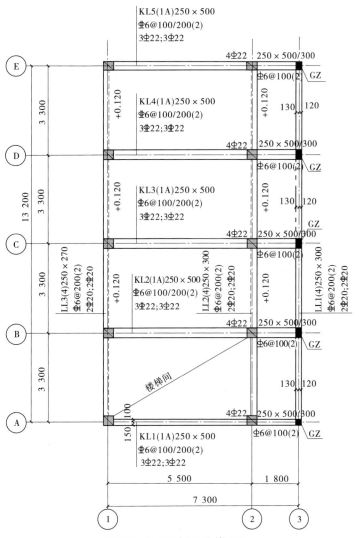

图 4-3 0.150 梁平法施工图

表 4-1 框架柱分部分项工程量清单

工程名称：　　　　　　　　　　　标段：　　　　　　　　　　　　　　　　第 1 页

项目编码	项目名称	项目特征描述	计量单位	工程量	金额		
					综合单价	合价	暂估价
010501001001	垫层	类别:预拌混凝土 等级:C30	m³	9.17			
010501004001	满堂基础	类别:预拌混凝土 等级:C30	m³	31.86			
010502001001	框架柱	类别:预拌混凝土 等级:C30	m³	4.02			
010503001001	矩形梁	类别:预拌混凝土 等级:C30	m³	6.71			

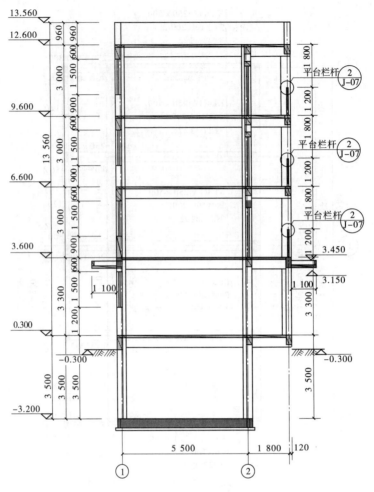

图 4-4　1—1 剖面图

【例4-2】　根据《河南省房屋建筑与装饰工程预算定额》(HA01—31—2016)、某季度价格基数(调价系数 $K_人 = 1.1$,其他不变)和例4-1中的工程量清单,对清单内容进行综合单价计算,并按照《计价规范》标准综合单价分析表填写相关内容。

分析:综合单价分析是对应列出的分项工程量清单进行组价的文件,核心内容有以下几方面:

(1)对比清单与定额分项工程的工作内容不同。确定清单分项工程在定额中由几个子目的价格来完成。定额给出的是以施工过程中人工、材料、机械相同分项工程的基准价格,本案例中,钢筋混凝土清单项对应的两项工作内容:一是模板及支架(撑)制作、安装、拆除、堆放、运输及清理模内杂物、刷隔离剂等;二是混凝土制作、运输、浇筑、振捣、养护。即清单的每个分项工程价格对应于定额的混凝土工程和模板工程。对应关系及计算表见表4-2。

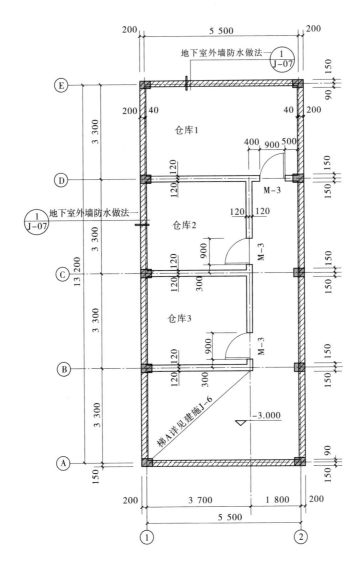

图 4-5 地下室平面布置图

(2) 定额换算,由于人工费发生价差,需对定额各子目人工费做出调整,调整后人工费见表 4-3。

(3) 根据表 4-2 及表 4-3 内容,填写清单各子目的综合单价表,填写中需注意问题:

综合单价分析表中,关于项目编码、项目名称、计量单位需与清单分项一一对应,工程量一栏通常以单位工程量作为填写标准(也有以实际工程量为标准),定额编码与定额名称确定前提是所有定额子目完成的工作内容应完全符合清单分项子目要求的工作内容。

综合单价分析表中数量的计算公式为

$$数量 = 定额工程量 \times \frac{清单计量单位}{定额计量单位} \div 清单工程量$$

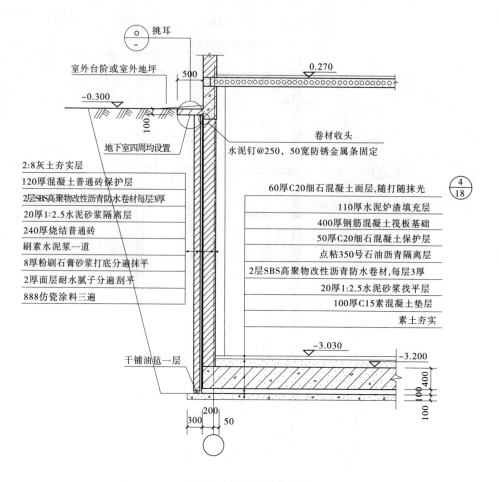

图 4-6　地下室防水构造

表示生产单位建筑产品(清单分项工程)需消耗的每个综合施工过程的数量,如本题中的矩形柱工程量为 4.02 m³,其消耗的模板工程量为 43.7 m²,则按该种项目特征的矩形柱,每立方米消耗的模板数量为 43.7 ÷ 4.02 = 10.87(m²)。定额中,为保证消耗量数字的有效性,通常取扩大单位,本案例中,矩形柱模板定额中子目的价格为 7 231.78 元/100 m²,即定额中使用 100 m² 的扩大计量单位。综合单价分析表中,定额"数量"值:10.87 ÷ 100 = 0.108 7。

解:(1)按分析结果列式(见表 4-2),表中单位为 m³。

(2)定额基价换算,见表 4-3。

将表 4-2 结果填入《计价规范》标准综合单价分析表,见表 4-4 ~ 表 4-7。

表 4-2 工程量计算表

序号	分项工程名称	清单/定额子目	工程量计算过程	计算结果	部位说明
		\multicolumn{5}{l}{G-01 地下室底板配筋图,J-02 地下室平面图、剖面图、0.15 m 梁平法标注及设计说明}				
1	基础混凝土垫层	010501001001	$(5.5 + 0.2 \times 2 + 0.3 \times 2) \times (3.3 \times 4 + 0.15 \times 2 + 0.3 \times 2) \times 0.1$	9.17	可结合 J-07 地下室防水构造加强构件印象,除垫层外使用有组合模板
		5-1			
		5-171	$[(5.5 + 0.2 \times 2 + 0.3 \times 2) + (3.3 \times 4 + 0.15 \times 2 + 0.3 \times 2)] \times 0.1 \times 2$	4.12	
2	有梁式满堂基础	010501004001	$(5.5 + 0.2 \times 2) \times (13.2 + 0.15 \times 2) \times 0.4$	31.86	
		5-7			
		5-198	38.8×0.4	15.52	
3	框架柱	010502001001	$0.3 \times 0.4 \times [+0.15 - (-3.2)] \times 10$	4.02	KZ1~KZ5
		5-11			
		5-219	$3.1 \times 1.4 \times 10 + 0.3 \times 0.25 \times 14$	44.45	
4	框架梁连续梁	010503001001	$(5.5 + 1.8 - 0.12 - 0.2 - 0.2 \times 2) \times 0.25 \times 0.5 \times 5 (\text{KL})$ $(13.2 - 0.15 \times 2 - 0.3 \times 3) \times 0.25 \times 0.3 \times 2 (\text{LL1,2})$ $(13.2 - 0.15 \times 2 - 0.3 \times 3) \times 0.25 \times 0.27 (\text{LL3})$	6.71	地下室顶板是预制板,其他层为有梁板
		5-17			
		5-231	$(5.4 + 1.6) \times (0.25 + 1) \times 5 + 12 \times 1.1 \times 2 + 12 \times 1.04$	47.63	

表 4-3 定额基价换算表

定额编号	5-1	5-171	5-7	5-198	5-11	5-219	5-17	5-231
定额人工费(元)	429.64	1 522.09	393.46	2 006.17	942.11	130.67	382.07	2 955.65
调整后人工费(元)	515.63	1 674.30	432.81	200.62	1 004.4	13.07	420.28	2 686.95

表 4-4　基础垫层综合单价分析表

工程名称：　　　　　　　　　　　　　　标段：　　　　　　　　　　　　第 1 页

项目编码	010501001001		项目名称	基础混凝土垫层	计量单位	m³	工程量	9.17

清单综合单价组成明细

定额编号	定额项目名称	定额单位	数量	单价				合价			
				人工费	材料费	机械费	管理费和利润	人工费	材料费	机械费	管理费和利润
5-1	现浇混凝土垫层	10 m³	0.1	515.63	2 054.3		195.97	51.56	205.43		19.6
5-171	现浇混凝土模板基础垫层复合模板	100 m²	0.004 5	1 674.3	2 751.22	0.93	636.63	7.52	12.36		2.86
人工单价		小计						59.08	217.79		22.46
高级技工 201 元/工日，普工 87.1 元/工日，一般技工 134 元/工日	未计价材料费										
清单项目综合单价								298.67			

表 4-5　满堂基础综合单价分析表

工程名称：　　　　　　　　　　　　　　标段：　　　　　　　　　　　　第 1 页

项目编码	010501004001		项目名称	满堂基础	计量单位	m³	工程量	31.86

清单综合单价组成明细

定额编号	定额项目名称	定额单位	数量	单价				合价			
				人工费	材料费	机械费	管理费和利润	人工费	材料费	机械费	管理费和利润
5-198	现浇混凝土模板满堂基础有梁式组合钢模板钢	100 m²	0.004 9	2 206.79	1 287.71	0.45	838.95	10.75	6.27		4.09
5-7	现浇混凝土满堂基础有梁式	10 m³	0.1	432.81	2 641.06	0.8	164.72	43.28	264.11	0.08	16.47
人工单价		小计						54.03	270.38	0.08	20.56
高级技工 201 元/工日，普工 87.1 元/工日，一般技工 134 元/工日	未计价材料费										
清单项目综合单价								345.05			

表 4-6　矩形柱综合单价分析表

工程名称：　　　　　　　　　　标段：　　　　　　　　　　　第 1 页

| 项目编码 | 010502001001 | 项目名称 | 矩形柱 | 计量单位 | m³ | 工程量 | 4.02 |

清单综合单价组成明细

定额编号	定额项目名称	定额单位	数量	单价				合价			
				人工费	材料费	机械费	管理费和利润	人工费	材料费	机械费	管理费和利润
5-219	现浇混凝土模板矩形柱组合钢模板	100 m²	0.111	3 173.09	1 362.38	1.38	1 206.52	350.63	150.54	0.15	133.32
5-11	现浇混凝土矩形柱C30	10 m³	0.1	1 004.4	2 631.85		381.87	100.44	263.19		38.19
人工单价		小计						451.07	413.73	0.15	171.51
高级技工 201 元/工日，普工87.1 元/工日，一般技工 134 元/工日		未计价材料费									
清单项目综合单价								1 036.46			

表 4-7　矩形梁综合单价分析表

工程名称：　　　　　　　　　　标段：　　　　　　　　　　　第 1 页

| 项目编码 | 010503001001 | 项目名称 | 矩形梁 | 计量单位 | m³ | 工程量 | 6.71 |

清单综合单价组成明细

定额编号	定额项目名称	定额单位	数量	单价				合价			
				人工费	材料费	机械费	管理费和利润	人工费	材料费	机械费	管理费和利润
5-17	现浇混凝土矩形梁C30	10 m³	0.1	420.28	2 684.04		159.95	42.03	268.4		16
5-231	现浇混凝土模板矩形梁组合钢模板	100 m²	0.071 0	2 955.65	1 071.49	0.93	1 123.9	209.80	76.06	0.07	79.77
人工单价		小计						251.83	344.46	0.07	95.77
高级技工 201 元/工日，普工 87.1 元/工日，一般技工 134 元/工日		未计价材料费									
清单项目综合单价								692.13			

【例4-3】 根据例4-1和例4-2的计算结果,计算地下室混凝土工程清单综合单价合价,说明已标价工程量清单的意义。

解:1.计算合价

按综合单价分析结果,填入工程量清单中,并计算合价,结果见表4-7。

表4-8　地下室混凝土工程已标价工程量清单

工程名称:　　　　　　　　　　　标段:　　　　　　　　　　第1页

项目编码	项目名称	项目特征描述	计量单位	工程量	金额		
					综合单价	合价	暂估价
010501001001	垫层	类别:预拌混凝土,等级:C30	m³	9.17	299.374	2 744.95	
010501004001	满堂基础	类别:预拌混凝土等级:C30	m³	31.86	345.10	10 993.29	
010502001001	框架柱	类别:预拌混凝土等级:C30	m³	4.02	1 039.32	4 166.57	
010503001001	矩形梁	类别:预拌混凝土等级:C30	m³	6.71	692.23	4 644.19	

2.已标价工程量清单法律意义解析

对已标价工程量清单分部分项计价表中的价格,按照我国工程量清单造价管理体系,具有如下内在法律效应:

(1)施工时,发生下面的风险,须由建设方负责:①按照《计价规范》工程量计算原则,经计量,实际施工的数量与已标价清单数量有差异,应按实结算。②清单中项目特征发生改变时,施工方按照规定单价可以再次协商。协商原则为若已有类似的价格,按类似价格执行;没有类似价格的,施工方提出单价,双方协商后执行。

(2)施工时,发生的单价风险由承包方负责,除不可抗力因素外,承包方不得改变单价。

(3)若分部分项清单中规定有暂估价材料,则结算时可按实调整。

习　题

1.计算标高3.57 m处的有梁板的混凝土工程量,并编制相应的工程量清单位。

2.在上题基础上制定该部分工程量清单的综合单价,说明综合单价包括的内容。

3.增值税为11%时,计算0.37 m处混凝土的全部价格,不含钢筋价格。

第5章 防水、保温隔热工程

防水、保温隔热工程是房屋建筑工程结构主体完成后,紧接着要进行施工的重要构造措施。防水、保温隔热工程主要设置在屋面、墙体、地面三个部位。防水与保温隔热构造施工工艺不同,材料特性相反,构造要求不同。屋面覆在房屋的最上层,直接与外界接触,需要抵抗阳光直射及雨、雪、风、雹等的侵袭,是最重要的防水保温部位。屋面工程由屋面排水系统、屋面防水系统、屋面保温隔热系统组成。建筑物地下部分需要防止土壤湿气浸入到建筑物内部,室内卫生间、湿作业空间均需进行防潮防水处理,在地下室、墙面、地面均需按照空间功能设置防水、防潮构造措施。常用的防水材料有卷材、油漆、瓦或水泥制品。保温隔热工程除屋面是主要施工部位外,外墙体保温也是民用建筑构造设施的重要部分,河南省建筑市场上保温材料种类繁多,施工工艺和效果、价格也有所不同,是计价中比较复杂的一环。

5.1 基本知识

5.1.1 屋顶防水保温构造

屋顶构造措施常根据使用要求而补充设置,如保护层、隔汽层、保温找坡层、屋面排水构件、屋面变形缝等。

5.1.1.1 屋面常用构造层设置

屋面常用构造层设置从上到下依次为:

(1)保护层。保护层主要用作屋面表面层,需要直接与外界接触。非上人屋面常用架空隔热板,减少阳光直射屋面,利用空气对流减少屋面表面温度;上人屋面常用保护层可在屋面设置防水地砖,通过地砖的粘贴,不但可以保护防水和保温层不被破坏,还可以有效地阻隔外界雨水的入侵。

(2)隔汽层。隔汽层一般设置在保温层上部,用来隔离由室内外温差而在保温层内产生的水蒸气。

(3)保温层。屋面保温层常用孔隙较大、质量较轻的材料,常用膨胀蛭石、水泥珍珠岩等。

(4)防水层。常用SBS改性沥青卷材作为柔性防水材料,柔性防水层需在结构层上设置水泥砂浆找平层。

5.1.1.2 排水构件、屋面变形缝和检修孔

(1)排水构件:排水口与排水管。

(2)屋面变形缝:其构造处理原则是既要保证屋顶有自由变形的可能,又能防止雨水经由变形缝渗入室内。

(3)屋面检修孔:专为检修人员到非上人屋面屋顶检修设施设备而设置的通道口。

5.1.1.3 排水系统、屋面防水及保温隔热

为便于排水,屋面一般做有一定的坡度,通常我们把坡度大于1:10的屋面称为坡屋面。坡屋面用瓦及型材做屋面材料。常用水泥平瓦屋面、黏土平瓦屋面、小青瓦屋面、彩色水泥瓦、陶瓷波形装饰瓦、筒板瓦、小波石棉瓦、大波石棉瓦、小波玻璃瓦屋面、琉璃瓦、PVC波形板屋面。一般坡度在10%~20%多用于金属板材屋面,20%以上多用于平瓦及油毡瓦屋面。屋面坡度在2%~3%称为平屋顶。常用平屋顶防水材料为卷材防水或现浇混凝土防水。

1. 屋面排水系统

屋面排水系统分为无组织排水与有组织排水。无组织排水又称为自由落水,指屋面雨水自由地从檐口落至室外地面,在建筑物少于三层的临时建筑中常用。有组织排水是指屋面雨水通过自重自流,在屋面将积水有组织地汇集并排至地面的排水系统。一般情况是把屋面划分成若干排水区,使雨水有组织地排到檐沟中,经过水落口至水落斗,排到室外,最后汇集排往地下排水管网系统。平屋面也有坡度的构造要求,其排水构件有挑檐、天沟、落水口、落水管等。

2. 屋面防水

采用防水材料在屋面设置构造层,达到防水目的。按照防水材料的不同分为刚性防水与柔性防水。刚性防水是指利用混凝土、砂浆的自防水功能进行防水构造处理,缺点是不能延伸和适应变形。柔性防水是指利用防水卷材或涂膜进行防水构造处理,具有一定的延伸性和适应变形的能力。卷材防水是最常用的防水构造措施,其相关的构造措施是设置找平层与保护层,找平层是卷材防水或涂膜防水的基层。施工时,屋面结构板难以保证平整,一般采用20 mm厚1:3水泥砂浆,也可采用1:8沥青砂浆等,水泥砂浆找平层宜留分格缝。保护层是用来保护卷材及涂膜防水,使卷材在阳光和大气的作用下不致快速老化,还可以防止沥青类卷材中沥青过热流淌。常用方法是在改性沥青卷材防水层上撒粒径为3~5 mm的小石子(绿豆砂)作为保护层,或在三元乙丙橡胶防水材料上涂刷保护着色剂,如氯丁银粉胶等。

3. 屋面保温隔热

屋面保温隔热常用孔隙大、质量轻的材料,不但能够保温,还可以用于坡屋面垫坡。

(1)以炉渣、膨胀蛭石、珍珠岩等松散材料为集料,以水泥、石灰为胶结材料按一定比例搅拌配制而成,铺设于屋面。

(2)以膨胀蛭石、珍珠岩等松散材料,干铺于屋面。

(3)采用块状的保温材料,例如加气混凝土块、水泥蛭石块等。

5.1.2 卷材防水

卷材防水是用防水卷材与胶黏剂结合在一起,形成连续致密的构造层,从而达到防水目的。不仅是屋面防水构造重要材料,还可用于基础、地下室、湿作业空间的墙、地面的防水。

常用卷材材料主要有:

(1)高聚物改性沥青防水卷材。是以高分子聚合物改性沥青涂盖层、纤维织物或纤

维毡为胎体,粉状、粒状、片状或薄膜材料为复面材料制成的可卷曲的片状防水材料。有SBS/APP 等改性沥青油毡、再生胶性沥青聚酯油毡、铝箔塑胶聚酯油毡、丁苯橡胶改性沥青油毡等。

(2)合成高分子类卷材。凡以各种合成橡胶或合成树脂或二者的混合物为主要原材料,加入适量化学助剂和填充料加工制成的弹性或弹塑性卷材,均称为高分子防水卷材。常见的有三元乙丙橡胶防水卷材、氯化聚乙烯橡胶防水卷材、聚氯乙烯防水卷材、氯丁橡胶防水卷材、再生胶防水卷材等。常用胶黏剂主要有冷底子油和沥青胶等。

5.2 《计价规范》防水、保温隔热工程设置要点

《计价规范》房屋建筑与装饰专业中,附录 I 的内容将屋面防水分部(0109)进行了划分。分为四部分内容:一是用于坡屋面的瓦、型材及其他屋面(010901),包括瓦屋面(010901001)、型材屋面(010901002)、阳光板屋面(010901003)、玻璃钢屋面(010901004)、膜结构屋面(010901005);二是屋面防水(010902)类,包括屋面卷材防水(010902001)、屋面涂膜防水(010902002)、屋面刚性层(010902003)、屋面排水管(010902004)、屋面排(透)气管(010902005)、屋面(廊、阳台)吐水管(010902006)、屋面天沟、檐沟(010902007)、屋面变形缝(010902008)等项;三是墙面防水、防潮,包括墙面卷材防水、涂膜防水、砂浆防水和墙面变形缝等;四是楼地面防水、防潮,包括楼地面卷材防水、涂膜防水、砂浆防水和地面变形缝等。

附录 J 的内容将保温隔热分部(01010)进行了划分。主要分为两部分内容:一是防腐蚀工程,应用于工业厂房、车间、储备库等工程;二是保温隔热,分为屋面保温隔热、墙体柱体保温两项。

5.2.1 瓦、型材及其他屋面(010901)

5.2.1.1 瓦屋面(010901001)

瓦屋面是指在屋面基层上铺盖各种瓦材,利用瓦材的相互搭接来防止雨水渗漏,也有出于造型需要而在屋面盖瓦,利用瓦下的其他材料来防水的做法。在有檩体系中,瓦通常设在由檩条、屋面板、挂瓦条等组成的基层上,无檩体系的瓦屋面基层则由各类钢筋混凝土板构成。《计价规范》规定瓦屋面项目特征需标明瓦品种、规格,黏结层砂浆的配合比等;计量单位为 m^2,工程量按设计图示尺寸以实际斜面积计算,不扣除房上烟囱、风帽底座、风道、小气窗、斜沟等所占面积,小气窗的出檐部分不增加。工程内容包括砂浆制作、运输、摊铺、养护,安装瓦、做瓦脊等。不包括支撑瓦屋面的结构体系,例如在木基层上铺瓦,则木基层需按清单木结构 010703001 分部内容另列项,项目特征不必描述黏结层砂浆的配合比,瓦屋面铺防水层,按本分部屋面防水相关子目列项。

5.2.1.2 型材屋面(010901002)

型材屋面是近年来在大跨度建筑中广泛采用的高效能屋面,不仅自重轻、强度高,而且施工方便。通常将两层钢板用螺栓连接,中间夹有保温层。《计价规范》规定型材屋面

项目特征需标明型材品种、规格,金属檩条材料品种、规格,接缝、嵌缝材料种类。计量单位为 m^2,工程量按设计图示尺寸以实际斜面积计算,不扣除房上烟囱、风帽底座、风道、小气窗、斜沟等所占面积,小气窗的出檐部分不增加。工程内容包括檩条制作、运输、安装,屋面型材板安装,接缝、嵌缝。型材屋面、阳光板屋面、玻璃钢屋面的支撑体系柱、梁、屋架,需按规范另列子目。

5.2.1.3　阳光板屋面(010901003)、玻璃钢屋面(010901004)

阳光板屋面是农业建筑或临时建筑中,广泛采用的一种高强度、透光、隔音、节能的新型优质装饰材料。阳光板屋面用于农业建筑温室中,具有保温、透光、防护的作用。玻璃钢屋面常用于地下室采光以及车库出入口等。

《计价规范》规定阳光板屋面项目特征需标明阳光板玻璃钢板品种、规格、固定方式;骨架材料品种、规格;接缝、嵌缝材料种类;油漆品种、刷漆遍数。计量单位为 m^2,工程量按设计图示尺寸以斜面积计算,不扣除屋面面积≤0.3 m^2 的孔洞所占面积。工程内容包括骨架制作、运输、安装,刷防护材料、油漆,阳光板、玻璃钢板安装,接缝、嵌缝。

5.2.2　防水工程(010902)

防水工程分项工程子目有屋面防水、立面防水、平面防水,每种防水均按材料属性不同设立了子目。各分项工程清单设置内容如下。

5.2.2.1　屋面卷材防水(010902001)、屋面涂膜防水(010902002)、屋面刚性防水(010902003)

(1)常用层面卷材防水有沥青类卷材防水、高聚物改性沥青防水、合成高分子类卷材。设置卷材防水工程量清单子目时,项目特征需明确卷材品种、规格、厚度,防水层数,防水层做法等。《计价规范》规定计量单位为 m^2,工程量按设计图示尺寸以面积计算,斜屋顶(不包括平屋顶找坡)按斜面积计算,平屋顶按水平投影面积计算,不扣除房上烟囱、风帽底座、风道、屋面小气窗和斜沟所占面积,屋面的女儿墙、伸缩缝和天窗等处的弯起部分,并入屋面工程量内。工程内容包括基层处理,刷底油,铺油毡卷材、接缝;涂膜防水还需刷基层处理剂,铺布和喷涂防水层。清单工程量计算不考虑屋面防水搭接及附加层用量。

(2)屋面涂膜防水指用防水材料刷在屋面基层上,利用涂料干燥或固化以后的不透水性来达到防水目的。随着材料和施工工艺的不断改进,现在的涂膜防水屋面具有防水、抗渗、黏结力强等诸多优点,但在屋面防水措施仍属附加措施。设置涂膜防水清单时,项目特征需注明防水膜品种,涂膜厚度、遍数,增强材料种类。工程量计算规则与工作内容同卷材防水。

(3)屋面刚性防水指在屋面上使用由水泥为原料的混凝土或砂浆进行防水,大面积的混凝土和砂浆制品达到一定强度后,会出现收缩从而导致开裂。为防止开裂引起漏水,屋面刚性防水需设置分格缝或在内部铺设钢丝网。设置刚性防水清单时,项目特征需注明刚性层厚度、混凝土强度等级、嵌缝材料种类和钢筋规格、型号。《计价规范》规定计量单位为 m^2,工程量按设计图示尺寸以面积计算,不扣除房上烟囱、风帽底座、风道等所占面积。工作内容包括基层处理,混凝土制作、运输、铺筑、养护,钢筋制安。屋面找平层常用一定比例砂浆铺设而成,初学者易混淆刚性防水与找平层子目。找平层是卷材或涂膜防水的基层,不属于刚性防水,两者的施工要求亦不相同,清单特征应详细说明。找平层应按《计价规范》楼地面装饰工程"平面砂浆找平层"另列子目。

5.2.2.2 屋面排水构件

排水构件是有组织排水屋面或室外走廊、阳台的常用构造措施,用来将收集的雨水通过排水系统排到室外雨水管网。《计价规范》设置了屋面排水管(010902004)、屋面排(透)气管(010902005)、屋面(廊、阳台)(010902006)吐水管三个分项。编制排水构件清单时,项目特征需注明排水管品种、规格,雨水斗、山墙出水口品种、规格,接缝、嵌缝材料种类,油漆品种、刷漆遍数。《计价规范》规定计量单位为 m 或个,工程量按设计图示尺寸以长度或数量计算。工作内容包括排水管及配件安装、固定,雨水斗、山墙出水口,雨水算子安装,接缝、嵌缝,刷漆。

5.2.2.3 屋面天沟、檐沟(010902007)

天沟、檐沟是屋面设置的防排水构造措施,是有组织排水系统中用来收集雨水的构造措施,该分项指的是在天沟、檐沟结构板上做的防水部分。计量单位为 m²,工程量按设计图示尺寸以展开面积计算。项目特征需注明材料品种、规格,接缝、嵌缝材料种类。工作内容包括天沟材料铺设,天沟配件安装,接缝、嵌缝,刷防护材料。

5.2.2.4 墙面防水防潮(010903)

该部分通常指地下室、室外和室内湿作业空间的竖向防水防潮措施。《计价规范》设置墙面卷材防水(010903001)、涂膜防水(010903002)、刚性防水(010903003)。计量单位为 m²,工程量按设计图示尺寸以面积计算。墙面卷材防水项目特征需注明卷材品种、规格、厚度,防水层数,防水层做法;墙面涂膜防水项目特征需注明防水膜品种、涂膜厚度、遍数,增强材料种类;墙面刚性防水需注明防水层做法、砂浆厚度、配合比、钢丝网规格。卷材防水工作内容包括基层处理,刷黏结剂,铺防水卷材,接缝、嵌缝;涂膜防水工作内容包括基层处理,刷基层处理剂,铺布、喷涂防水层;刚性防水工作内容包括基层处理,挂钢丝网片,设置分格缝,砂浆制作、运输、摊铺、养护等。墙面防水搭接及附加层用量不另行计算墙面变形缝,若做双面防水,工程量乘以系数 2。墙面找平层按《计价规范》中的墙、柱面装饰与隔断工程"立面砂浆找平层"项目编码列项。

5.2.2.5 楼(地)面防水防潮(010904)

该部分指室内需要防水防潮构件。《计价规范》设置的分项工程子目,设定楼地面卷材防水(010904001)、涂膜防水(010904002)、刚性防水(010904003)。计量单位为 m²,工程量按设计图示尺寸以面积计算。楼(地)面防水工程量计算要点:

(1)按主墙间净空面积计算,扣除凸出地面的构筑物、设备基础等所占面积,不扣除间壁墙及单个面积≤0.3 m² 的柱、垛、烟囱和孔洞所占面积。

(2)楼(地)面防水翻边高度≤300 mm 算作地面防水,翻边高度＞300 mm 算作墙面防水。

楼地面卷材防水项目特征需注明卷材品种、规格、厚度,防水层数,防水层做法;涂膜防水项目特征需注明防水膜品种,涂膜厚度、遍数,增强材料种类;刚性防水中,使用钢丝网片和分格缝能够有效地防止水泥制品收缩产生的开裂,是刚性防水最重要的措施。编制清单时,刚性防水项目特征应注明防水层做法,砂浆厚度、配合比,钢丝网规格。

卷材防水工作内容包括基层处理,刷黏结剂,铺防水卷材,接缝、嵌缝;涂膜防水工作内容包括基层处理,刷基层处理剂,铺布、喷涂防水层。刚性防水工作内容包括基层处理,挂钢丝网片,设置分格缝,砂浆制作、运输、摊铺、养护等。楼(地)面防水找平层按《计价规范》楼地面装饰工程"平面砂浆找平层"项目列项;楼(地)面防水搭接及附加层用量不另行计算。

5.2.2.6　屋面、墙面、楼地面变形缝

《计价规范》共设置三个变形缝项目,均指对设置变形缝所做的封闭防水措施。清单设置内容有屋面变形缝(010902008)、墙面变形缝(010903004)、楼地面变形缝(010904004)。变形缝是为防止建筑物受到温度、地基下沉不均匀、地震的影响,而提前在建筑结构内设置的缝隙,宽度为30~100 mm 不等,所以需要在屋面、外墙、内墙、地面对这些缝隙进行封闭处理。河南省已出版了屋面、墙面、楼地面变形缝各种措施的建筑构造标准图集。计量单位为 m,工程量按设计图示以长度计算。项目特征需注明嵌缝材料种类,止水带材料种类、盖缝材料、防护材料种类。施工图采用标准图集的,项目特征应注明标准图集名称、页码、图号。工作内容包括清缝,填塞防水材料,止水带安装,盖缝制作、安装,刷防护材料。

5.2.2.7　保温隔热工程

《计价规范》第J部分设置保温隔热分部工程。分为保温隔热屋面和天棚,保温隔热墙柱面、保温隔热楼地面。各分项工程清单设置内容如下。

1. 保温隔热屋面(011001001)、保温隔热天棚(011001002)

由于保温隔热材料体积大、质量轻,可以用作平屋顶材料坡度。项目特征需列明保温隔热材料品种、规格、厚度,隔汽层材料品种、厚度,黏结材料种类、做法,防护材料种类、做法。计量单位为 m²,工程量计价规则按设计图示尺寸以面积计算,扣除面积 >0.3 m² 的孔洞及占位面积。工作内容包括基层清理、刷黏结材料、铺粘保温层、铺刷(喷)防护材料。

2. 保温隔热墙面(011001003)、保温柱、梁(011001004)、其他保温隔热(011001006)

项目特征需列明保温隔热部位、保温隔热方式、踢脚线、勒脚线保温做法;龙骨材料品种、规格;保温隔热面层材料品种、规格、性能、规格及厚度;增强网及抗裂防水砂浆种类;黏结材料种类及做法,防护材料种类及做法。计量单位为 m²,工程量计算要点如下:

(1)墙面按设计图示尺寸以面积计算。扣除门窗洞口及面积 >0.3 m² 的梁、孔洞所占面积;门窗洞口侧壁需做保温时,并入保温墙体工程量内。

(2)柱(梁)面按设计图示尺寸以面积计算,柱保温层按设计图示柱断面保温层中心线展开长度乘以保温层高度以面积计算,扣除面积 >0.3 m² 的梁所占面积;梁按设计图示梁断面保温层中心线展开长度乘以保温层长度以面积计算。

每个分项均要求完成下列工作内容:基层清理,刷界面剂,安装龙骨,填贴保温材料,保温板安装,粘贴面层,铺设增强格网及抗裂、防水砂浆面层,嵌缝,铺、刷(喷)防护材料。

3. 保温隔热楼地面(011001005)

项目特征需注明保温隔热部位,保温隔热材料品种、规格、厚度,隔汽层材料品种、厚度,黏结材料种类、做法,防护材料种类、做法,计量单位为 m²,工程量计算按设计图示尺寸以面积计算,扣除面积 >0.3 m² 的柱、垛、孔洞所占面积。项目特征需注明保温隔热部

位,保温隔热方式;隔汽层材料品种、厚度;保温隔热面层材料品种、规格、性能;保温隔热材料品种、规格及厚度,黏结材料种类及做法,增强网及抗裂防水砂浆种类,防护材料种类及做法,计量单位为 m²,按设计图示尺寸以展开面积计算,扣除面积 >0.3 m² 孔洞及占位面积。工作内容包括基层清理,刷黏结材料,铺设保温层,刷(喷)防护材料。

保温隔热方式主要有内保温、外保温、夹芯保温,其中室内保温层在装修工程出现较多,因此需区分施工图中保温层、面层和找平层的关系,分别按保温工程、装修工程的相应子目列项。

5.3 定额子目列项及计价要点

依据《计价规范》中屋面防水工程分项子目的设置和市场实际情况,定额第九章、第十章确定了河南省屋面防水工程、保温隔热工程相关子项的基准价格。定额子目在清单规范基础上,根据市场上不同材料及不同施工工艺的特征,给出防水工程不同种措施的基准价格。各子目消耗量根据 2015 版《房屋建筑工程消耗量定额》,单价是河南省内人工、材料、机械的平均价格。

防水工程包括屋面工程、墙面楼地面防水工程及附加排水措施等三部分。保温隔热工程中,由于保温材料品类多,施工工艺及要求不同,所以定额中按《计价规范》确定的分项工程基础上,又按材料不同进行划分,使得各子目的基准价格精确度增加。

5.3.1 瓦、型材屋面工程计价要点

定额子目(9-1~9-24)设置了与 010901 相对应的瓦、型材屋面,瓦屋面、金属板屋面、采光板屋面、玻璃采光顶、卷材防水、落水管、水口、水斗、沥青砂浆填缝、变形缝盖板、止水带等项目,是按标准或常用材料编制。图纸设计与定额不同时,材料可以按实际不含税价格换算,人工、机械不变;由于瓦与各种型材的种类规格型号不同,使得施工工艺不同,因此定额中按常用各种瓦与型材类型,编制了相应的基准价格,瓦与型材屋面计算时按施工图设计尺寸以斜面积计,与清单工程量相同,不含挂瓦条、顺水条及型材屋面下支撑构件。计量单位均为扩大计量单位 100 m²,计价要点如下:

(1)各种屋面和型材屋面(包括挑檐部分)均按设计图示尺寸以面积计算(斜屋面按斜面面积计算),不扣除房上烟囱、风帽底座、风道、小气窗、斜沟和脊瓦等所占面积,小气窗的出檐部分也不增加。

(2)西班牙瓦、瓷质波形瓦、英红瓦屋面的正斜脊瓦、檐口线,按设计图示尺寸以长度计算。

(3)黏土瓦若穿铁丝钉圆钉,每 100 m² 增加 11 工日,增加镀锌低碳钢丝(22#)3.5 kg,圆钉 2.5 kg;若用挂瓦条,每 100 m² 增加 4 工日,增加挂瓦条(尺寸 25 mm × 30 mm)300.3 m,圆钉 2.5 kg。

(4)金属板屋面中一般金属板屋面,执行彩钢板和彩钢夹芯板项目;装配式单层金属压型板屋面按檩距不同,执行相应的定额项目。

(5)采光板屋面如设计为滑动式采光顶,可以按设计增加 U 形滑动盖帽等部件,调整

材料、人工乘以系数 1.05。

(6)25% <坡度≤45% 及人字形、锯齿形、弧形等不规则瓦屋面,人工乘以系数 1.3;坡度 >45% 的,人工乘以系数 1.43。

5.3.2 防水工程

定额子目(9 - 25 ~ 9 - 85)是与《计价规范》屋面防水(010902)、墙面防水(010903)、楼地面(010904)防水分项子目对应的扣除材料增值税金的基准价格,并按照卷材防水的种类、工艺不同,补充附属项和市场新工艺的基准价格,如刚性防水需设置分隔缝、保温层隔汽管的基准价格。使用防水材料主要是玻璃纤维布、改性沥青卷材防水、高分子材料、聚合物复合改性沥青防水涂料、冷子油、细石混凝土等。计量单位使用扩大单位 100 m²,《计价定额》按材料及部位区分价格,如 SBS 卷材防水平面价格,既可用于屋面防水,又可应用在楼地面防水中,其计价要点如下:

5.3.2.1 屋面防水

按设计图示尺寸以面积计算(斜屋面按斜面面积计算),不扣除房上烟囱、风帽底座、风道、小气窗、斜沟和脊瓦等所占面积,上翻部分(指女儿墙泛水)也不另行计算;屋面的女儿墙、伸缩缝和天窗等处的弯起部分,按设计图示尺寸计算;设计无规定时,伸缩缝、女儿墙、天窗的弯起部分按 500 mm 计算,计入立面工程量内。

5.3.2.2 墙面与地面防水

定额以平面和立面列项,外墙防水,室内湿作业空间墙面防水、防潮,墙基防水,均执行立面防水价格子目。楼面、地面防水执行平面防水价格子目。楼地面防水与防潮层常设在室内湿作业空间,为达到封闭效果,楼地面防水与墙面防水在接口处,防水材料需上翻,与墙面防水有重合部分。以卷材防水施工工艺为例,当卷材防水遇到泛水、出入口处,需设置防水附加层,铺贴时卷材需有重合,刚性防水需设置分格缝等。

1.计价要点

为保证各基准价格的合理与精确性,各分项工程子目计价要点如下:

(1)细石混凝土防水层,使用钢筋网时,执行定额"第五章　混凝土及钢筋混凝土工程"中相应项目。

(2)平(屋)面以坡度≤15% 为准,15% <坡度≤25% 的按相应项目的人工乘以系数 1.18;25% <坡度≤45% 及人字形、锯齿形、弧形等不规则屋面或平面,人工乘以系数 1.3;坡度 >45% 的,人工乘以系数 1.43。

(3)防水卷材、防水涂料及防水砂浆,定额以平面和立面列项,实际施工桩头、地沟零星部位时,人工乘以系数 1.43;单个房间楼地面面积≤8 m² 时,人工乘以系数 1.3。

(4)防水卷材附加层套用卷材防水相应项目,人工乘以系数 1.43。

(5)立面是以直形为依据编制的弧形者,相应项目的人工乘以系数 1.18。

(6)冷粘法是以满铺为依据编制的,点、条铺粘者按其相应项目的人工乘以系数 0.91,黏合剂乘以系数 0.7。

2.工程量计算规则

(1)墙基防水、防潮层,外墙按外墙中心线长度、内墙按墙体净长度乘以宽度,以面积计算。

（2）墙的立面防水、防潮层，不论内墙、外墙，均按设计图示尺寸以面积计算。

（3）楼地面防水按设计图示尺寸以主墙间净面积计算，扣除凸出地面的建筑物、设备基础等所占面积，不扣除间壁墙及单个面积≤0.3 m² 的柱、梁、烟囱和孔洞所占面积。平面与立面交接处，上翻高度≤300 mm 时，按展开面积并入平面工程量内计算；高度＞300 mm 时，按立面防水层计算。

（4）基础底板的防水、防潮层按设计图示尺寸以面积计算，不扣除桩头所占的面积。桩头处外包防水按桩头投影外扩 300 mm 以面积计算，地沟处防水按展开面积计算，均计入平面工程量，执行相应规定。

（5）屋面、楼地面及墙面、基础板等，其防水搭接、拼缝、压边、留槎用量以综合考虑，不另行计算。

5.3.2.3 排水措施工程及其他补充子项

定额 9 - 101 ~ 9 - 157 是对应于《计价规范》屋面排水管、落水管、变形缝等排水件与防水措施等分项工程的基准价格。由于同一分项工程内，施工工艺不同会产生价格差异，定额在《计价规范》基础上补充了增项，作为填补规范内容未涉及的分项，以减少定额规范之间由于工作内容不同导致的计价异议，计量单位为个、m 或以数量计入。由于定额按施工工艺划分，各子目的工作内容、计量方法与规范规定的清单有不一致的地方，组价时需认真核对，计价要点如下：

1. 排水构件

（1）落水管、水口、水斗均按材料成品、现场安装考虑。落水管、镀锌铁皮天沟、沟檐按设计图示尺寸，以长度计算。水斗、下水口、雨水口、弯头、短管等均以设计数量计算。

（2）铁皮屋面及铁皮排水项目内已包括铁皮咬口和搭接的工料。

（3）采用不锈钢落水管排水时，执行镀锌钢管项目，材料按实换算，人工乘以系数1.1。

2. 变形缝与止水带

（1）变形缝嵌、填缝定额项目中，建筑油膏、氯乙烯胶泥设计断面取定 30 mm × 20 mm，油浸木丝板取定为 150 mm × 25 mm，其他填料取定为 150 mm × 30 mm。

（2）变形缝盖板、木盖板断面取定为 200 mm × 25 mm，铝合金盖板厚度取定为 1 mm，不锈钢板厚度取定为 1 mm。

（3）钢板（紫铜板）止水带展开宽度为 400 mm，氯丁橡胶宽度为 300 mm，涂刷式氯丁胶帖玻璃纤维止水片宽度为 350 mm。

5.3.3 保温隔热工程

定额第十章保温隔热工程是《计价规范》附录 J 中分项工程的河南地区保温、隔热、防腐工程基准价格。在河南省房屋建筑预算定额第十章中，补充计价规范规定的分项工程内容附属工艺的基准价格，使得保温隔热分项工程基准价格体系更完善、合理。保温隔热工程按铺设部位分屋面保温、隔热，天棚保温隔热，外墙保温隔热，内墙柱保温隔热，隔热楼地面等内容。定额以保温隔热材料种类划分基准价格子项。由于保温材料价格与厚度有关,定额的保温材料价格设置为标准厚度平面基准价格±厚度增减的基本价格。

5.3.3.1 屋面保温隔热

定额 10-1~10-22 屋面保温隔热工程按照材料种类不同,设置了相应的基准价格。常用保温材料有加气混凝土块、水泥蛭石块、干铺珍珠岩、干铺蛭石、水泥炉渣、水泥珍珠岩、沥青玻璃棉毡、沥青矿渣棉毡、沥青珍珠岩板、水泥珍珠等。这些材料不但可以保温隔热,还可以做平屋面的找坡材料。屋面保温隔热层工程量按设计图示尺寸以面积计算,扣除 >0.3 m² 的孔洞所占面积。其他项目按设计图示尺寸以定额项目规定的计量单位计算。其他保温隔热层工程量按设计图示尺寸以面积计算,扣除柱、垛及单个 >0.3 m² 的孔洞所占面积。大于 0.3 m² 的孔洞侧壁周围及梁头、连系梁等其他零星工程保温隔热层工程量,并入墙面的保温隔热工程量内。柱帽保温隔热层,并入天棚保温隔热层工程量内。工作内容仅包括清理基层、调制保温混合料及铺设保温层。计价要点如下:

(1)保温材料配合比、材质、厚度与设计不同时,可以换算。

(2)弧形墙墙面保温隔热层,按相应项目的人工乘以系数 1.1。

(3)柱面保温根据墙面保温定额项目人工乘以系数 1.19,材料乘以系数 1.04。

(4)墙面岩棉板保温、聚苯乙烯板保温及保温装饰一体板保温如使用钢骨架,钢骨架按定额"第十二章 墙、柱面装饰与隔断、幕墙工程"相应项目执行。

(5)抗裂保护层工程当采用塑料膨胀螺栓固定时,每 1 m² 增加人工 0.03 工日,塑料膨胀螺栓 6.12 套。

(6)保温隔热材料根据设计规范,必须达到国家规定要求的等级标准。

5.3.3.2 天棚保温隔热

为了满足对屋面保温隔热性能的要求,常在天棚铺设一定厚度的容重轻、导热系数小的材料。常用的保温材料有聚苯乙烯板(带木龙骨)、铺钉软木板、树脂珍珠岩板等。不同部分保温材料做法不一样,其工作内容亦不同。工程量及计价要点如下。

1. 天棚保温工程 10-52~10-61

天棚保温工程指在天棚面层与结构板间填充保温材料,常用的有硬泡聚氨酯现场喷发超细无机纤维、粘贴岩棉板、聚苯颗粒保温砂浆、无机轻集料保温砂浆等。计量单位为扩大单位 100 m²,工程量计算规则:天棚保温隔热层工程量按设计图示尺寸以面积计算,扣除面积 >0.3 m² 的柱、梁、孔洞所占面积,与天棚相连的梁按展开面积计算,其工程量并入天棚内。工作内容仅包括刷界面剂,粘贴保温层。保温层需固定骨架的,骨架费用已含在天棚保温层基准价格内。

2. 墙面保温工程 10-62~10-92

由于墙面保温层材料品种多,定额确定了各种墙面保温材料的基准价格。工程量计算要点如下:

(1)墙面保温隔热层工程量按设计图示尺寸以面积计算,扣除门窗洞口及面积 >0.3 m² 的梁、孔洞所占面积;门窗洞口侧壁以及与墙相连的柱,并入保温墙体工程量内。墙体及混凝土板下铺贴隔热层不扣除木框架及木龙骨的体积。其中,外墙按隔热层中心线长度计算,内墙按隔热层净长度计算。

(2)柱、梁保温隔热层工程量按设计图示尺寸以面积计算,柱按设计图示柱断面保温层中心线展开长度乘以高度,以面积计算,扣除面积 >0.3 m² 的梁所占面积。梁按设图示梁断面保温层中心线展开长度乘以保温层长度,以面积计算。

3. 环氧自流平防腐地面

防腐是使用环氧漆在混凝土面及抹灰面上设置防腐措施,是工业建筑地坪中应用较广泛的一种做法,定额 10 - 343 ~ 10 - 345 确定环氧自流平防腐地面的基准价格及计价要点,工程量计算按设计图示尺寸以面积计算。工程内容包括作业面维护、基层清理、配料、底漆、中漆、面漆、养护、修整等内容。

除上述内容外,《计价规范》与定额分别制定了防腐工程的分项工程定义和基准价格,本书不再赘述该部分内容。

5.4 实 例

【例 5-1】 根据图 5-1,采用有保温不上人屋面,计算平屋面保温、隔热的清单工程量,编制工程清单。根据《河南省房屋建筑与装饰工程预算定额》对清单子目组价,并按《计价规范》规定的标准形式填写综合单价分析表和已标价工程量清单表。

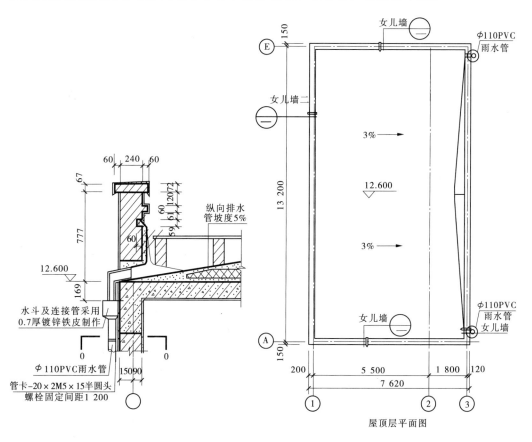

图 5-1 例 5-1 图

屋面做法如下:

(1)采用 495 mm × 495 mm × 35 mm C20 预制钢筋混凝土架空板。

（2）115 mm×115 mm×200 mm，混合砂浆砌筑多孔砖砖墩，间隔500。

（3）SBS屋面卷材防水，热熔法双层。

（4）20 mm厚1:3水泥砂浆找平层。

（5）最薄30 mm厚轻骨料混凝土3%找坡（水泥炉渣）。

分析：按屋面的做法，架空隔热板用来使屋顶空气对流，也用来保护屋面，可确定为隔热层。下面零星砌体用来支撑架空隔热板，是隔热层的附属措施，可归类为保温隔热项；20 mm厚1:3水泥砂浆找平是用来做SBS卷材防水基层的措施，可与SBS卷材防水归类防水分项；SBS水泥炉渣既是保温层亦是找坡层，归类为保温隔热项，因清单项中未见架空隔热板项，可将第一、第二类做法一同归类保温隔热层。

解：1. 清单工程量计算

（1）屋面防水面积

$$S = (5.5 + 1.8 - 0.04 - 0.12) \times (13.2 - 0.09 \times 2) = 92.96(\text{m}^2)$$

（2）屋面保温隔热工程面积

$$S = (5.5 + 1.8 - 0.04 - 0.12) \times (13.2 - 0.09 \times 2) = 92.96(\text{m}^2)$$

防水与保温隔热清单编制见表5-1。

表5-1　防水、保温分部分项工程量清单

工程名称：　　　　　　　　　　标段：　　　　　　　　　　第1页

项目编码	项目名称	项目特征描述	计量单位	工程量	金额		
					综合单价	合价	暂估价
010902001001	屋面防水	SBS卷材防水，热熔法，双层	m²	92.96			
011001001001	保温隔热屋面	495 mm×495 mm×35 mm C20预制钢筋混凝土架空板；115 mm×115 mm×200 mm，混合砂浆砌筑多孔砖砖墩，间隔500 mm；最薄30 mm厚轻骨料混凝土3%找坡（水泥炉渣）	m²	92.96			

2. 套用定额

根据屋面做法套用定额相应基准价格，并计算工程量。计算结果见表5-2。

表5-2　工程量计算表

序号	分项工程名称	清单/定额子目	工程量计算过程	计算结果	部位说明
			四、屋面及防水、保温工程计量单位		
1	屋面防水	010902001001	$(5.5 + 1.8 - 0.04 - 0.12) \times (13.2 - 0.09 \times 2)$	92.96 m²	屋面防水加上翻250 mm泛水
		11−2	$[(5.5 + 1.8 - 0.04 - 0.12) \times (13.2 - 0.09 \times 2)] + [(5.5 + 1.8 - 0.12 - 0.04) \times 2 + (3.3 \times 4 - 0.09 \times 2) \times 2] \times 0.25$	103.04 m²	
		9−34,9−36			

序号	分项工程名称	清单/定额子目	工程量计算过程	计算结果	部位说明
2	保温隔热屋面	011001001001	$(5.5+1.8-0.04-0.12)\times(13.2-0.09\times2)\times0.035$	3.254 m^3	35 mm 厚架空隔热板,以 m^3 计
		5-60,5-355			
		4-33	$12\times0.12\times0.12\times0.2$	0.04 m^3	
3	保温隔热屋面	011001001001	$(5.5+1.8-0.04-0.12)\times(13.2-0.09\times2)$	92.96 m^2	最薄 30 mm,平均按 120 mm
		$(10-11)+2\times(10-12)$			

按照表 5-2 内容填写综合单价分析表 5-3、表 5-4。

表 5-3 屋面防水工程综合单价分析表

工程名称:　　　　　　　　　　　标段:　　　　　　　　　　第 1 页

项目编码	010902001001	项目名称	屋面卷材防水	计量单位	m^2	工程量	92.96

清单综合单价组成明细

定额编号	定额项目名称	定额单位	数量	单价				合价			
				人工费	材料费	机械费	管理费和利润	人工费	材料费	机械费	管理费和利润
9-34	卷材防水改性沥青卷材热熔法一层平面	100 m^2	0.011 1	309.67	3 814.6		82.45	3.44	42.34		0.92
9-36	卷材防水改性沥青卷材热熔法每增一层平面	100 m^2	0.011 1	265.57	3 529.46		70.67	2.95	39.18		0.78
11-2	平面砂浆找平层填充材料上 20 mm 换为水泥砂浆 1:2	100 m^2	0.01	964.07	595.44	83.9	303.08	9.64	5.95	0.84	3.03
人工单价		小计						16.03	87.47	0.84	4.73
高级技工 201 元/工日,普工 87.1 元/工日,一般技工 134 元/工日		未计价材料费									
清单项目综合单价								109.07			

表 5-4　屋面保温隔热工程综合单价分析表

工程名称：　　　　　　　　　　　标段：　　　　　　　　　　　　　　第 2 页

| 项目编码 | 011001001001 | 项目名称 | 保温隔热屋面 | 计量单位 | m² | 工程量 | 92.96 |

清单综合单价组成明细

定额编号	定额项目名称	定额单位	数量	单价				合价			
				人工费	材料费	机械费	管理费和利润	人工费	材料费	机械费	管理费和利润
5-60	预制混凝土架空隔热板	10 m³	0.003 5	1 043.65	3 059.01		436.42	3.65	10.71		1.53
5-355	预制混凝土构件安装小型构件每件体积≤0.1 m³	10 m³	0.003 5	608.74	23.9		254.76	2.13	0.08		0.89
4-33	零星砌体多孔砖	10 m³	0.004	2 668.28	1 992.4	32.18	824.96	10.67	7.97	0.13	3.30
人工单价		小计						16.45	18.76	0.13	5.72
高级技工 201 元/工日，普工 87.1 元/工日，一般技工 134 元/工日		未计价材料费									
清单项目综合单价								41.06			

根据综合单价分析表内容填写工程量清单的综合单价并计合价，见表 5-5。

表 5-5　防水、保温分部分项工程量清单

工程名称：　　　　　　　　　　　标段：　　　　　　　　　　　　　　第 1 页

项目编码	项目名称	项目特征描述	计量单位	工程量	金额		
					综合单价	合价	暂估价
010902001001	屋面防水	SBS 卷材防水，热熔法，双层	m²	92.96	109.07	10 139.15	
011001001001	保温隔热屋面	495 mm×495 mm×35 mm C20 预制钢筋混凝土架空板；115 mm×115 mm×200 mm，混合砂浆砌筑多孔砖砖墩，间隔 500 mm；最薄 30 mm 厚轻骨料混凝土 3% 找坡（水泥炉渣）	m²	92.96	41.06	3 816.94	

习　题

1. 定额中关于防水的材料有哪些？一般适用于哪些部位？

2. 计算书后案例中保温层的工程量。

第6章 装饰装修工程

建筑物结构主体完工后的装饰装修工程是建筑面层施工的重要工艺。装饰装修工程材料、规格标准、工艺复杂多样,价格确定复杂。建筑装饰装修通常为三个等级:一级(高级)、二级(中级)和三级(普通)。装修措施主要起保护结构构件的作用和满足建筑功能、美观的要求。建筑装饰装修工程分为室内装修和室外装修。具体工程内容有抹灰工程、地面工程、门窗工程、吊顶工程、隔断工程、饰面工程、涂饰工程、裱糊工程、细部工程。房屋建筑工程中的装修一般为普通装饰,而中级和高级装修往往在二次装修另行发包实施。因此,本章只以三级(普通)装饰工程的相关内容为例,介绍装饰装修的计价基本技巧。

6.1 基础知识

6.1.1 装饰材料

常用装饰材料主要有石材、建筑陶瓷、建筑玻璃、建筑塑料装饰制品、装饰涂料、木材与竹材、装饰金属几种。装饰材料选用是造价管理中控制造价的最重要技能之一。主要考虑以下几方面:

(1)外观要求及选用。需从建筑物使用者的要求出发,考虑颜色、光泽、透明性、形状和尺寸、立体造型等方面。外观要求及选用涉及美学、物理学、心理学、生理学的相关知识,对专业人员的鉴赏水平要求较高。

(2)物理、化学和力学性能要求及选用。按照材料使用的部位,考虑该部位对材料的要求,如强度、耐水性、防火性、抗腐蚀性等。如对于室外材料,外墙装饰材料除兼顾美观和保护作用外,还要选用能耐大气侵蚀、不易褪色、不易玷污、不泛霜的材料。对于室内装修材料,应避免选用有挥发有毒成分和在燃烧时会产生大量浓烟或有毒气体的材料。

(3)材料标准的选用。应在满足使用功能和美观要求的基础上,以价格合理的材料作为选择重点。

6.1.1.1 石材

石材分为天然石材和人造石材。天然石材主要指花岗岩和大理石。花岗岩属于硬石材,其耐磨性和耐久性优于大理石。大理石易被酸腐蚀,易于雕琢和加工,常用于室内装饰。人造石材不但具有天然石材的质感,还有质量轻、强度高、耐腐蚀、加工和施工方便的特点,还可加工成浮雕、工艺品等,是一种比较经济又兼具美观的饰面材料。

6.1.1.2 建筑陶瓷

常用有釉面砖(内墙砖)、陶瓷锦砖、玻化墙地砖等。釉面砖具有美观耐用、耐火、耐酸、易清洁的特点,常用于卫生间、厨房浴室等墙面;玻化墙地砖具有耐磨性好、耐火、吸水率低、易清洁的特点。

6.1.1.3　装饰涂料

装饰涂料由三种基本成分组成,即成膜物质(如油料及树脂等)、分散介质(如有机溶剂香蕉水、汽油、乙醇、苯等)、颜料与填料及辅助材料(如催干剂、流平剂、防结皮剂等)。常用涂料有过氯乙烯内墙涂料、聚酯酸乙烯乳胶内墙涂料、氯化橡胶外墙涂料、丙烯酸外墙涂料等。

6.1.1.4　建筑玻璃

常用平板玻璃、压花玻璃、磨砂玻璃、有色玻璃、钢化玻璃等。

6.1.1.5　其他装饰材料

其他装饰材料有木材、金属、塑料制成的各种装饰材料,造价人员对这些材料都应有一定了解,才能更好地确定基准价格。

6.1.2　常用装修工程做法及要求

6.1.2.1　抹灰工程

抹灰是我国传统的饰面做法,它是指用砂浆涂抹在建筑物结构表面上的一种装饰技术,抹灰工程分为一般抹灰和装饰抹灰。作用是使抹灰层与基层黏结牢固,防止起鼓开裂,并使抹灰面表面平整,为保证工程质量,应分为底层、中层和面层抹灰。

(1)底层抹灰。主要起与基层黏结和初步找平的作用,该层的材料与施工操作对抹灰质量有很大的影响,底层材料根据基层不同而异,厚度为 7 ~ 10 mm。当墙体基层为砖、石时,可采用水泥砂浆或混合砂浆打底;当基层为骨架板条基层时,应采用石灰砂浆作底灰,并在砂浆中掺入适量麻刀(纸筋)或其他纤维,施工时将灰挤入板条缝隙,以加强拉结,避免开裂、脱落。

(2)中层抹灰。主要起找平作用,可以一次抹成,亦可分层操作,厚度为 5 ~ 9 mm。

(3)面层抹灰。起装饰作用,表面平整,无裂纹,颜色均匀,厚度视面层使用材料而定,厚度一般为 5 ~ 8 mm。

一般抹灰常用材料,面层有石灰砂浆、水泥砂浆、混合砂浆、麻刀灰、聚合物水泥砂浆、石膏灰等,品种按设计要求选用。

装饰抹灰较一般抹灰,底层与中层一样,在面层处理和材料使用及施工方法上有很大提高,使得装饰抹灰常用面层分为三类:石渣类(水刷石、水磨石、干粘石、斩假石等),水泥、石灰类(拉条灰、拉毛灰、假面砖、仿石等)和聚合物水泥砂浆类(喷涂、滚涂等)。

6.1.2.2　吊顶工程

在较大空间和装饰要求较高的房间中,因建筑声学、保温隔热、清洁卫生、管道敷设、室内美观等特殊要求,常用顶棚把屋架、梁板等结构构件及设备遮盖起来,形成一个完整的表面。由于采用悬吊方式支承于屋架结构层或楼板层的梁板之下,称为吊顶工程。吊顶由基层和面层两大部分组成。

1. 基层

基层承受吊顶的荷载,并通过吊筋传给屋顶或楼板承重结构。由吊筋、主龙骨(主搁栅)和次龙骨(次搁栅)组成。

(1)吊筋。用于悬挂连接主龙骨与结构层(楼板、屋面板),属承重结构构件,其形式和构造与楼板的结构、龙骨规格及吊顶材质和质量要求有关。常用的有 50 mm × 50 mm 的方木条,用于木基层吊顶,直径 6 ~ 8 mm 的钢筋吊筋,可用于木基层和金属基层吊顶;铜丝、钢丝或镀锌钢丝用于不上人的轻质吊顶吊筋。吊筋与楼板、屋面板的连接一般采用设置预埋件和膨胀螺栓(射钉)连接吊筋两种方式。

(2)龙骨。是吊顶的骨架,主要起支撑连接作用,分为主龙骨(主搁栅)和次龙骨(次搁栅)。龙骨可用木材、轻钢、铝合金等材料制成,上人吊顶的检修通道应放在主龙骨上。主龙骨是吊顶的主要承重结构,其间距视吊顶的质量与上人与否而定,通常为 900 ~ 1 200 mm,次龙骨用于固定面板,其间距视面层材料而定。

2. 面层

吊顶面层种类很多,一般可分为植物型板材,如胶合板、纤维板、木工板;矿物型板材,如石膏板、矿棉板等;金属板材,如铝合金板,金属微孔吸声板等。

6.1.2.3 饰面工程

饰面工程是用饰面材料相关的工艺,对建筑表面和装饰结构表面进行装饰。在室内装饰中占有重要位置。常用材料有天然石材(如大理石、花岗石、青石板等)、人造石材(如人造大理石、人造花岗石、瓷砖、地砖等)、金属饰面板、塑料饰面板、木质饰面板等。饰面板的安装施工方法有"贴"和"镶"两种,小规格的饰面板,规格在 40 mm 以下或安装高度在 1 m 以下,采用"贴"的方式,大规格的饰面板采用"镶"的方式。下面以贴墙砖来说明饰面砖的施工方法,墙砖多数是以陶土或瓷土为原料,压制成型后经焙烧而成,可以用于墙面装饰。面砖铺贴前先将表面清理干净,然后将面砖放入水中浸泡,贴前取出晾干。放线排版后,铺贴时用 1:3 水泥砂浆打底划毛,然后用黏结砂浆满刮贴于墙上。

6.1.2.4 涂饰工程

涂饰工程是在木基层或抹灰面上喷、刷涂料涂层的饰面装修。涂料具有保护、装饰、保护构件使用功能的作用,但涂层薄、抗腐蚀能力差。由于涂料饰面施工简单、省工省料、工期短,在饰面工程中应用广泛。涂饰工程分为刷浆类饰面、涂料类饰面、油漆类饰面三类:

1. 刷浆类饰面

刷浆类饰面主要有石灰浆、大白浆、可赛银浆,价格低、施工方便,一般用于临时建筑或工具间墙面。

2. 涂料类饰面

涂料类饰面种类繁多,主要有以下几类:

(1)水溶性涂料。主要分为内墙涂料和外墙涂料,常用 106 内墙涂料和 803 内墙涂料,造价低,作为内墙涂料使用较为普遍。由丙烯酸树脂、彩色砂粒、各类辅助剂组成的真石漆涂料是一种具有较高装饰性的水溶性涂料,膜层质感与天然石材相似,色彩丰富,具有不燃、防水、耐久性好等优点,且施工简便、对基层的限制减少,适用于宾馆、剧场、办公室等场所的内外墙饰面。

(2)乳液涂料。是以各种有机物单体经乳液聚合反应生成的聚合物,它以非常细小的颗粒分散在水中,形成非均相的乳状液,以水为分散介质,无毒、不污染环境。由于涂膜多孔而透气,且干燥快、易清洗、装饰效果好,用于室内墙面较多。若掺有类似云母粉、粗砂粒等,也可用于外墙面。

(3)溶剂型涂料。是以高分子合成树脂为主要成膜物质,有机溶剂为稀释剂,加入一定颜料、填料及辅料加工后形成挥发性涂料,具有较好硬度、光泽、耐水性、耐蚀性及耐老化性,较多用于外墙面。缺点是污染环境,潮湿环境下易起皮。

(4)硅酸盐无机涂料。以碱性硅酸盐为基料,外加硬化剂、颜料填充料等配制而成,具有良好的耐光、耐热、耐水及耐老化性能,无污染,喷涂效果较好。

3.油漆类饰面

由胶黏剂、颜料、溶剂和催干剂组成的混合剂,能够在材料表面干结成膜,使其与外界空气、水分隔绝,从而达到防潮、防锈、防腐等保护作用。漆膜表面光洁、美观、光滑,增强了装饰效果。常用的油漆涂料有调合漆、清漆、防锈漆、防火漆等。

6.1.2.5 裱糊及软包工程

裱糊类墙体饰面装饰性强,造价较经济,施工方法简捷、效率高,饰面材料更换方便,在曲面和墙面转折处粘贴可以顺应基层获得连续的饰面效果。主要材料有:

(1)墙纸。墙纸也称壁纸,不仅广泛用于墙面装饰,也可用于吊顶饰面。具有装饰性、易擦洗、价格便宜、更换方便等优点。一般分为普通墙纸和发泡墙纸。普通墙纸包括单色压花、印花压花、有光压花和平光压花等几种,发泡墙纸有高发泡印花、低发泡印花和发泡印花压花等几种。高发泡墙纸表面有弹性凹凸花纹,具有装饰和吸音等多功能的壁纸,发泡墙纸是目前常用的一种墙纸。

(2)墙布。常用的墙布有玻璃纤维墙布和无纺墙布。玻璃纤维墙布强度大、韧性好,具有布质纹路、装饰效果好,耐水、耐火、可擦洗等优点。但遮盖力差,容易在裱糊完的饰面上显现出来。无纺墙布是采用天然纤维或合成纤维经过无纺成型为基材,经系列工艺处理后成为新型高级饰面材料,具有色彩鲜艳不褪色、表面光洁且有羊绒质感、透气、可以擦洗、施工方便等优点。

6.2 《计价规范》装饰装修工程设置要点

2013版《计价规范》装饰装修专业附录K、L、M、N分部设置装饰装修各分项工程,分别为楼地面装饰、墙柱面装饰、天棚装饰、油漆涂料裱糊工程。分项子目划分以施工工艺、材料种类作为标准。各子目分别列明项目编码、项目名称、项目特征、计量单位、工程量计算规则和工作内容。

6.2.1 楼地面装饰工程

楼地面装饰工程包括楼地面抹灰工程、楼地面镶贴工程和楼面层附属构件(踢脚线、台阶、其他装饰)等内容。

6.2.1.1 楼地面抹灰工程(011101)

有水泥砂浆楼地面(011101001)、现浇水磨石楼地面(011101002)、细石混凝土楼地面(011101003)、菱苦土楼地面(011101004)、自流坪楼地面(011101005)、平面砂浆找平层(011101006)。

其中,水泥砂浆楼地面、现浇水磨石楼地面、细石混凝土楼地面在房屋建筑楼地面装饰中应用较多。工程量按设计图示尺寸以面积计算。扣除凸出地面构筑物、设备基础、室内管道、地沟等所占面积,不扣除间壁墙及≤0.3 m² 柱、垛、附墙烟囱及孔洞所占面积。门洞、空圈、暖气包槽、壁龛的开口部分不增加面积。

(1)水泥砂浆作为楼地面面层(011101001)。主要用来保护结构构件或用作其他装饰材料的基层,由于造价低、施工方便,在房屋建筑中设备用房和公共走廊楼梯间中应用较多。施工时,将结构板表面灰尘、污垢清理干净后提前洒水湿润,并将基体表面凹凸太多的部位凿平或用1:3水泥砂浆填平补齐。水泥砂浆也可以作找平层的主要材料。

水泥砂浆作为楼地面的抹灰应分层进行,应按底层和面层分别处理。总厚度为10～15 mm,底层为5～8 mm,面层为2～7 mm,面层在抹灰后还需进行打磨、刨光处理。该分项工程项目特征中需注明:垫层材料种类、厚度,找平层厚度、砂浆配合比,素水泥浆遍数,面层厚度、砂浆配合比,面层施工做法要求等内容。工作内容包括基层清理、垫层铺设、抹找平层、抹面层、材料运输等内容。

(2)现浇水磨石楼地面(011101002)。是在水泥砂浆楼地面的基础上,在面层嵌入粒径2～5 mm的小石子或彩色石子掺入水泥砂浆中,可以有效地防止水泥砂浆楼地面凝结后易起灰的缺点。水磨石楼地面骨料较大,易开裂,因此需在基层完成后,加入分隔条用来防止开裂。该分项工程项目特征中需注明:垫层材料种类、厚度,找平层厚度、砂浆配合比,面层厚度、水泥石子浆配合比,嵌条材料种类、规格,石子种类、规格、颜色,颜料种类、颜色,图案要求,磨光、酸洗、打蜡要求。工作内容包括基层清理,垫层铺设,抹找平层,面层铺设,嵌缝条安装,磨光、酸洗打蜡,材料运输。

(3)细石混凝土楼地面(011101003)。是以细石混凝土作为底层,面层仍用水泥砂浆处理,需打磨、刨光。该分项工程项目特征中需注明:垫层材料种类、厚度,找平层厚度、砂浆配合比,面层厚度、混凝土强度等级。工作内容包括基层清理、垫层铺设、抹找平层、面层铺设、材料运输。不包括混凝土制作。

6.2.1.2 楼地面镶贴工程

民用建筑楼地面面层,常用材料有块料地面镶贴(011102)、橡胶和塑料板楼地面(011103)、其他楼地面(011104)。

主要包括地毯、木地板或竹地板、金属复合地板、防静电地板。工程量计算按设计图示尺寸以面积计算,门洞、空圈、暖气包槽、壁龛的开口部分并入相应的工程量内。块材楼地面是住宅和商业建筑装饰工程中常用楼地面装修材料,有石材楼地面铺贴(011102001)、碎石拼装楼地面铺贴(011102002)、块料楼地面铺贴(011102003)三个分项工程。块材在铺贴时,对黏结材料要求不同,因此块料铺贴和黏结材料共同作为一个分项工程。同时,为防止活荷载受力不均匀,地面面层需设垫层或找平层。为方便计算地板砖楼地面分项工程,找平层或垫层随同块料铺贴含在工作内容里。工作内容包括基层清理、抹找平层,面层铺设、磨边、嵌缝、刷防护材料,酸洗、打蜡,材料运输等。与此对应的项目特征需列明找平层(垫层)厚度、砂浆配合比,结合层厚度、砂浆配合比,面层材料品种、规格、颜色,嵌缝材料种类,防护层材料种类,酸洗、打蜡要求。

其他楼地面面层仅包括面层和黏结层(或骨架)、防护层,子目不包括下面基层。项目特征根据工作内容注明使用材料的规格、配比等。

6.2.1.3　楼面层附属构件

楼面层附属构件包括踢脚线(011105)、楼梯面层(011106)、台阶(011107)、零星装饰面层。各种构件使用材料的种类与楼地面使用的种类一般相同,但在工程设计中,也有附属构件与楼地面主材不相同,如楼地面使用木地板,而踢脚线使用金属踢脚线等情况。各分项子目设置要点如下:

(1)踢脚线(011105)。有水泥砂浆踢脚线、块材踢脚线、塑料踢脚线、金属踢脚线和其他材料踢脚线,计量单位用 m^2 或 m 计量,工程量计算按设计图示长度乘以高度,以面积计算,或按延长米计算。项目特征中需标明踢脚线的高度,工作内容与项目特征同相同材料的楼地面面层分项子目定义。

(2)楼梯面层(011106)。使用材料仍为水泥砂浆、块材、塑料板材、竹木地板等。为方便计量,楼梯面层计量单位为水平投影面积,按设计图示尺寸以楼梯(包括踏步、休息平台及≤500 mm 的楼梯井)水平投影面积计算。楼梯与楼地面相连时,算至楼梯口梁内侧边沿;无梯梁者,算至最上一层踏步边沿加 300 mm。工作内容与项目特征同楼地面面层材料定义一致,如现浇水磨石楼梯面层需注明的项目特征有找平层厚度、砂浆配合比,面层厚度、水泥石子浆配合比,防滑条材料种类、规格,石子种类、规格、颜色,颜料种类、颜色,磨光、酸洗、打蜡要求。工作内容为基层清理,抹找平层,抹面层,贴嵌防滑条,磨光、酸洗、打蜡,材料运输等。

(3)台阶装饰(011107)。由于台阶工程量小,对整体造价影响较小,《计价规范》为方便计量,在楼地面分部中,对台阶定义为台阶装饰,即工作内容不仅包括台阶面层,还包含有垫层与找平层,工程量以水平投影面积计算,包括最上层踏步边沿加 300 mm。台阶水平部分至建筑入口按地面层列项。各子目项目特征与工作内容与楼面层一致。

(4)其他零星装饰项目。包括楼梯、台阶底边和侧面镶贴块料面层,以及≤0.5 m^2 的少量分散的楼地面镶贴块料面层。项目特征中需注明零星构件的部位及工作内容,需要特殊处理部分,标明处理的方法、材料等。按标准图集施工的,需标明标准图集号、页码和编号。工作内容包括清理基层,抹找平层,面层铺贴、磨边、勾缝,刷防护材料,酸洗、打蜡,材料运输等。

6.2.2　墙、柱面装饰工程

墙、柱面装饰工程包括墙、柱、梁面抹灰,墙、柱、梁面块料镶贴,墙、柱、梁面饰面工程,幕墙工程、隔墙工程、零星构件竖向装饰面层。

6.2.2.1　墙、柱、梁面抹灰工程

墙、柱、梁面抹灰工程分为一般抹灰、装饰抹灰和附属工艺,附属工艺如找平、勾缝等工作。墙面抹灰与柱、梁面抹灰施工工艺相同,计量单位均为 m^2,项目特征按照施工图纸要求注明墙体类型、底层厚度、底层砂浆配合比、面层厚度、面层砂浆配合比、装饰面材料种类、分格缝宽度、材料种类。其中,砂浆找平项目适用于合同约定由施工企业仅完成找平层的柱(梁)面抹灰,面层由二次装修完成的情形。一般抹灰的面层材料指石灰砂浆、水泥砂浆、混合砂浆、聚合物水泥砂浆、麻刀石灰浆、石膏灰浆等。装饰抹灰材料指水刷

石、斩假石、干粘石、假面砖等。工程内容包括基层清理,砂浆制作、运输,底层抹灰,抹面层,抹装饰面,勾分格缝。计量单位为 m²,工程量计算规则如下。

1. 墙面抹灰

墙面抹灰按设计图示尺寸以面积计算。扣除墙裙、门窗洞口及单个 > 0.3 m² 的孔洞面积,不扣除踢脚线、挂镜线和墙与构件交接处的面积,门窗洞口和孔洞的侧壁及顶面不增加面积。附墙柱、梁、垛、烟囱侧壁并入相应的墙面面积内。其中:

(1)外墙抹灰面积按外墙垂直投影面积计算。

(2)外墙裙抹灰面积按其长度乘以高度计算。

(3)内墙抹灰面积按主墙间的净长乘以高度计算,无墙裙的,高度按室内楼地面至天棚底面计算。

(4)有墙裙的,高度按墙裙顶至天棚底面计算。

(5)内墙裙抹灰面按内墙净长乘以高度计算。

2. 柱、梁面抹灰与找平

工程量计算要点如下:

(1)柱面抹灰。按设计图示柱断面周长乘以高度以面积计算。

(2)梁面抹灰。按设计图示梁断面周长乘以长度以面积计算。

6.2.2.2 墙、柱、梁面块料镶贴工程

墙、柱、梁面块料镶贴工程包括石材工程、拼装石材、块材及零星工程。块料墙面需承担面层的重量,所以面层的基层处理最为重要。规格小、质量轻的块材可以采用粘贴的方式,规格大、质量重的块材需使用钢龙骨"干挂"的方法。项目特征需注明墙体类型,安装方式,面层材料品种、规格、颜色,缝宽,嵌缝材料种类,防护材料种类,磨光、酸洗、打蜡等,还需根据工艺内容,注明粘贴材料或骨架特性,如强度、组成、骨架型号等。工作内容包括基层清理,砂浆制作、运输,黏结层铺贴,面层安装、嵌缝,刷防护材料,磨光、酸洗、打蜡等。若使用轻钢骨架,则需另列项目。

6.2.2.3 墙、柱、梁饰面工程(011207)

墙、柱、梁饰面工程指的是使用除砂浆和石材外的其他板材分项工程,如大芯板、金属板材等。施工工艺随面层的材料种类不同而不同。项目特征需注明龙骨材料种类、规格、中距,隔离层材料种类、规格,基层材料种类、规格,面层材料品种、规格、颜色,压条材料种类、规格。计量单位为 m²,工作内容包括基层清理,龙骨制作、运输、安装,钉隔离层,基层铺钉,面层铺贴。工程量计算规则:墙面按设计图示墙净长乘以净高,以面积计算。扣除门窗洞口及单个 > 0.3 m² 的孔洞所占面积;柱、梁面按设计图示饰面外围尺寸,以面积计算。柱帽、柱墩并入相应柱饰面工程量内。

6.2.2.4 幕墙工程(011209)

幕墙由面板和支承结构体系组成,可相对主体结构有一定位移能力或自身有一定变形能力、不承担主体结构支撑作用的建筑外围护结构或装饰性结构体系。幕墙范围主要包括建筑的外墙、采光顶(罩)和雨篷。《计价规范》将幕墙分为带骨架(幕墙)和全玻璃(无框)幕墙。计量单位为 m²,工程量计算规则如下:

(1)带骨架幕墙(011209001)。按设计图示框外围尺寸以面积计算,与幕墙同种材质

的窗所占面积不扣除。工作内容包括骨架制作、运输、安装,面层安装,隔离带、框边封闭,嵌缝、塞口,清洗。项目特征需根据工作内容注明各工艺材料的特点,注明骨架材料种类、规格、中距,面层材料品种、规格、颜色,面层固定方式,隔离带、框边封闭材料品种、规格,嵌缝、塞口材料种类。

(2)全玻璃(无框)幕墙。按设计图示尺寸以面积计算,带肋全玻璃幕墙按展开面积计算。项目特征需注明玻璃品种、规格、颜色。工作内容包括幕墙安装,嵌缝、塞口,清洗,黏结塞口材料种类,固定方式。

6.2.2.5 隔墙工程(011209)

隔墙工程指现场或预制的隔墙,用来分隔建筑空间的构件。《计价规范》按材料类别分为现场制作的木隔断、金属隔断、玻璃隔断和成品(预制)隔断等。现场制作隔断的工程量计算规则是:按设计图示框外围尺寸以面积计算,不扣除单个≤0.3 m² 的孔洞所占面积;浴厕门的材质与隔断相同时,门的面积并入隔断面积内;成品(预制)隔断既可以按面积计,也可按数量以“间”计入。工作内容包括骨架及边框制作、运输、安装,隔板制作、运输、安装,嵌缝、塞口。项目特征与工作内容一致,需列明骨架、边框材料种类、规格,隔板材料品种、规格、颜色,嵌缝、塞口材料品种。

6.2.3 天棚工程

天棚工程包括天棚抹灰(011301)、天棚装饰(011302)、采光天棚工程(011303)、天棚其他装饰工程(011304)。

6.2.3.1 天棚抹灰(011301)

工程量按设计图示尺寸以水平投影面积计算,不扣除间壁墙、垛、柱、附墙烟囱、检查口和管道所占的面积,带梁天棚、梁两侧抹灰面积并入天棚面积内,板式楼梯底面抹灰按斜面积计算,锯齿形楼梯底板抹灰按展开面积计算。项目特征需注明基层类型,抹灰厚度、材料种类,砂浆配合比。

6.2.3.2 天棚装饰(011302)

天棚装饰分为吊顶天棚、格栅吊顶、吊筒吊顶、藤条造型悬挂吊顶、织物软雕吊顶、网架(装饰)吊顶。天棚装饰设置的各子目均包括面层及其附属连接工艺。吊顶天棚指用吊筋、龙骨、面板组成的天棚装饰,是民用建筑常用装修工艺。计算规则按设计图示尺寸以水平投影面积计算。天棚面中的灯槽及跌级、锯齿形、吊挂式、藻井式天棚面积不展开计算。不扣除间壁墙、检查口、附墙烟囱、柱垛和管道所占面积,扣除单个>0.3 m² 的孔洞、独立柱及与天棚相连的窗帘盒所占的面积。项目特征需注明吊顶形式、吊杆规格、高度,龙骨材料种类、规格、中距,基层材料种类、规格,面层材料品种、规格,压条材料种类、规格,嵌缝材料种类,防护材料种类。工作内容包括基层清理、吊杆安装、龙骨安装、基层板铺贴、面层铺贴、嵌缝、刷防护材料。

6.2.3.3 采光天棚工程(011303001)、灯槽(带)(011304001)、送回风口(011304001)

采光天棚工程是指在室内空间或地下空间为增加采光范围而在屋顶设置能够采光的工程。灯槽(带)是指在天棚吊顶上为灯具设置的凹凸槽。送回风口指在天棚上为空调的送风、回风设置的风口。

（1）采光天棚的计量单位为 m^2，计算规则为按框外围展开面积计算。项目特征需列明骨架类型、固定类型、固定材料品种、规格，面层材料品种、规格，嵌缝、塞口材料种类。工作内容包括清理基层，面层制安，嵌缝、塞口，清洗。

（2）灯槽（带）的计量单位为 m^2，工程计算按设计图示尺寸以框外围面积计算。项目特征需列明灯带形式、尺寸，格栅片材料品种、规格，安装固定方式。工作内容包括安装、固定。

（3）送回风口计量单位为个，工程量按设计图示数量计算。项目特征需列明风口材料品种、规格，安装固定方式。工作内容包括安装、固定，刷防护材料。

6.2.4 油漆、涂料、裱糊工程

油漆、涂料、裱糊工程包括门、窗、扶手油漆，木材面、金属面、抹灰面油漆，喷刷涂料、裱糊等几部分。随着装修施工工艺的不断进步，各种面层处理的方法种类多种多样。项目实际操作时，中级与高级装饰工程需进行二次装修设计，作为分包工程，另行计价。本书略去该部分内容。

6.3 定额子目列项及计价要点

定额中 A 下册的内容，是对应《计价规范》中装修工程和措施项目的基准价格。其与上册结构工程计价内容有所区分的是，按河南省建筑交易市场的常用交易方式，施工企业的总承包内容仅限于结构工程、保温隔热、一般抹灰工程，而装修工程常用按二次招标或分包工程处理，主要原因有以下几方面：

（1）建设方对装修材料价格把控难。建设管理交易化水平较低，建设方对市场价格了解做不到全透明，价格差别较大的工程通过二次招标或分包，可以有效地控制装修成本。

（2）装修沟通协调工作量大。装修工程中，关于装修标准、材料规格、样式等内容，需要建设方长时间与投资方和用户协调，进行二次招标可以合理安排装修内容、标准和工期。

（3）装饰装修专业性要求较高。装修工程工艺繁多，内容复杂。材料价格控制以签证为主，使用工程量清单进行计价，清单项目特征描述较难，预算与结算内容难以控制，装修工程材料差异大，装修材料市场良莠不齐，现场签证量大，管理难度高。

为减少设计师的工程量，加快设计工期，普通装修工程的做法，一般采用标准图集。例如，民用建筑的构造措施选用图集为 05J 和 12YJ 标准图集。05J 指的是 2005 年版的国家建筑标准图集，12YJ 指 2012 年版的河南省建筑标准图集。与结构工程相比，普通装修工程计价时，每一单项价格低，工程量小，套价内容较多，因此初学人员不但要熟悉定额工作内容，还要学会对比定额消耗量内容与实际工作的差异、定额施工工艺与现场施工工艺的差异。

结构工程计价的重点在于工程量计算，而装修工程计价的重点是套用子目的正确与否。本书仅介绍常用装修工程，即楼地面装饰、墙面装饰、天棚装饰中的抹灰工程、块材镶贴、吊顶的基准价格。装修工程定额的设置原则是以装修部位、材料一致为划分标准，价格划分的子目类别详细，定义更具体。为更好地表述各子目的关系，本书将定额中装修工

程计价要点用表格展示,具体如下。

6.3.1 楼地面工程

地面基本构造层为素土层、垫层、功能层、面层。楼面基本构造层为结构层、功能层、面层。定额中楼地面工程价格仅指面层部分的价格,不能满足规范规定内容时,其他各层措施的基准价格需另行计取。计价时,要了解各层构造措施、与定额子目价格的关系,合理组价,才能计算出合理价格。

6.3.1.1 水泥砂浆类楼地面面层

定额(11-1~11-16)项目,是水泥砂浆类楼地面面层的基本价格。有水泥砂浆找平层、细石混凝土找平层、水泥砂浆面层和加入水泥基的自流平砂浆地面。其中如11-1与11-6,平面砂浆找平层的基准价格不包括面层处理价格,水泥砂浆面层与砂浆找平层用材料一样,基准价格比找平层高。为区分各子目内容,水泥砂浆类楼地面面层计价要点见表6-1。

表6-1 水泥砂浆类楼地面面层计价要点

定额子目	定额名称	计量单位	工程量计算规则	工作内容	计价要点
11-1~11-3	平面砂浆找平层	100 m²	楼地面找平层及整体面层按设计图示尺寸以面积计算。扣除凸出地面构筑物、设备基础、室内铁道、地沟等所占体积,不扣除间壁墙及≤0.3 m²的柱、垛、附墙烟囱及孔洞所占面积。门洞、空圈、暖气包槽、壁盒的开口部分不增加面积	清理基层、调运砂浆、抹平、压实	当设计与定额配合比不一致时,可以换算。细石混凝土厚度≤60 mm时,按找平层;≥60 mm时,按定额子目5-1套价;只有水磨石地面含酸洗、打蜡的费用
11-4、11-5	细石混凝土地面找平层	100 m²		细石混凝土搅拌捣平、压实	
11-6~11-8	水泥砂浆楼地面	100 m²		清理基层、调运砂浆、抹平面层	
11-9、11-10	水泥基自流平砂浆	100 m²		清理基层、刷界面剂、调自流平砂浆、铺砂浆、滚压地面	
11-11~11-16	水磨石楼地面	100 m²		清理基层、面层铺设、嵌玻璃条、磨石抛光、酸洗、打蜡。调制菱苦土砂浆,打蜡	

6.3.1.2 块材地面面层

定额(11-17~11-44)子目,是块材地面铺贴,块材铺贴的工艺为结合层+面层+面层处理,套价时,难以区分的是贴块材时结合层的价格。当块材铺贴时,其结合层常使用1:3干硬性水泥砂浆,其价格已包含在子目中,很多造价人员会发生多重计价或误计价格,使得价格不再准确。块材有石材、地板砖。常用室内石材是大理石,室外石材为花岗岩。天然石材价格昂贵,常用人造石材取代。无论哪种石材,施工时,每块石材均尽可能有效的布置,以节约成本。对于大型装修工程来说,石材的消耗率是计价的重点。为增加装饰效果或迎合空间尺寸,定额中的石材均不含切割、倒角、磨边的加工费用,该费用在定额的第十五章列有基准价格。计价要点见表6-2。

表6-2　块材地面面层计价要点

相关子目	定额名称	计量单位	工程量计算规则	工作内容	计价要点
11-17~11-19	石材楼地面（每块m²）	100 m²	块料面层、橡塑面层及其他材料面层按设计图示尺寸以面积计算。门洞、空圈、暖气包槽、壁盒的开口部分并入相应的工程量内。 1. 石材料花按最大外围尺寸以矩形面积计算，有拼花的石材地面，按设计图示尺寸扣除拼花的最大外围矩形面积计算面积 2. 石材地面刷养护液包括侧面涂刷，工程量按设计图示尺寸以底面积计算。石材表面刷保护液按设计图示尺寸以表面积计算 3. 石材勾缝按设计图示尺寸以底面积计算	清理基层、试排划线、锯板修边、铺抹结合层、铺贴饰面、清理净面	镶贴块料项目按规格材料考虑，若块材需"倒角、磨边"则需另补充价格。 石材楼地面拼花，按成品考虑。加工另计费用。 镶贴100 mm×100 mm以内的石材执行点缀项目。 玻化砖按陶瓷面砖执行。 石材地面需要分格分色，按相应人工乘系数1.1
11-20~11-25	石材楼地面	100 m²		清理基层、试排划线、锯板修边、铺抹结合层、铺贴饰面、清理净面，磨光，打胶，勾缝	
11-26~11-29	石材	100 m²		清理基层、试排划线、锯板修边、铺抹结合层、铺贴饰面、清理净面，石材底面刷养护液，石材表面刷保护液	
11-30~11-33	陶瓷地面砖	100 m²		清理基层、试排划线、锯板修边、铺抹结合层、铺贴饰面、清理净面	
11-34~11-37	镭射玻璃砖	100 m²		清理基层、试排划线、铺贴饰面、清理净面	
11-38~11-44	缸砖、陶瓷锦砖、水泥花砖、广场砖	100 m²		清理基层、试排划线、锯板修边、铺抹结合层、铺贴饰面、清理净面	

6.3.1.3　其他楼地面材料

定额11-45~11-56是与011104001相对应的楼地面面层材料的基准价格。主要有橡塑料地板、地毯、实木地板、复合地板。基准价格包括了结合层与面层的费用。计价要点见表6-3。

6.3.1.4　楼面层其他装饰

定额11-57~11-96，是计价规范011105~011108楼地面附属构件的基准价格。其中台阶、楼梯工程中，不含附属工程的费用。如台阶垫层、找平层、楼梯踢脚线等，仅含面层费用。其他费用需另列增加子目将该部分补充完整。弧形踢脚线及楼梯踢脚线项目按相应材料踢脚线人工乘以系数1.15。除此之外，定额还补充了金刚砂耐磨楼地面、耐磨楼地面、塑胶地面和钢丝网的基准价格。钢丝网是为防止地面裂缝的构造措施。计价要点见表6-4。

表 6-3 其他楼地面面层计价要点

相关子目	定额名称	计量单位	工程量计算规则	工作内容	计价依据
11－45 ~ 11－48	橡塑面层	100 m²	块料面层、橡塑面层及其他材料面层按设计图示尺寸以面积计算。门洞、空圈、暖气包槽、壁盒的开口部分并入相应的工程量内	清理基层、划线、刮腻子、涂刷黏结剂、贴面层、收口、净面	木地板安装按企口考虑,若按平口,人工乘以系数0.85。木地板或其他面层需加保温或防腐材料按本书第5章或定额第十章内容
11－49 ~ 11－51	化纤地毯	100 m²		清理基层、划线、分格、定位、裁剪、拼接、铺设、修边、钉压条、净面	
11－52、11－53	条形实木地板	100 m²		清理基层、铺设防水卷材、铺设细木工板、铺防潮纸、铺设面层。钉木龙骨铺面层,净面	
11－54、11－55	条形复合地板	100 m²		清理基层、铺设防水卷材、防潮纸,铺设面层。钉木龙骨铺面层,净面	
11－56	铝合金防静电活动地板安装	100 m²		清理基层、安装支架横梁、铺设面板、清扫净面	

表 6-4 楼面层其他装饰计价要点

相关子目	定额名称	计量单位	工程量计算规则	工作内容
11－57 ~ 11－66	踢脚线	100 m²	踢脚线按设计图示长度乘以高度以面积计算。楼梯靠墙踢脚线(含锯齿形部分)贴块料按设计图示面积计算	1. 清理砂浆、调运砂浆、抹面、压光、养护 2. 基层清理、底面抹灰、面层铺贴、净面 3. 清理基层、安装踢脚线
11－67 ~ 11－78	楼梯面层	100 m²	楼梯面层按设计图示尺寸以楼梯(包括踏步、休息平台及≤500 mm的楼梯井)水平投影面积计算。楼梯与楼地面相连时,算至梯口梁内侧边沿;无梯口者,算到最上一层踏步边沿加300 mm	1. 清理基层、调运砂浆、铺设面层;试排划线、锯板修边、铺抹结合层,铺贴饰面、清理净面 2. 清理基层、划线、裁剪,铺设地毯、安装压条、净面 3. 清理基层、刮腻子、涂刷黏结剂、贴面层、净面

相关子目	定额名称		计量单位	工程量计算规则	工作内容
11 – 79 ~ 11 – 84	台阶装饰	水泥砂浆	100 m²	台阶面层按设计图示尺寸以台阶(包括最上层踏步边沿加300 mm)水平投影面积计算	清理基层、调运砂浆、铺设面层;试排划线、锯板修边、铺抹结合层,铺贴饰面、清理净面
		石材			
		陶瓷地面砖			
		剁假石	100 m²		清理基层、调运砂浆、铺设面层、剁斧
11 – 85 ~ 11 – 88	水泥砂浆、石材		100 m²	零星项目按设计图示以"延长米"计算	清理基层、调运砂浆、铺设面层;试排划线、锯板修边、铺抹结合层,铺贴饰面、清理净面
	陶瓷地面砖、缸砖				清理基层、试排划线、锯板修边、铺抹结合层,铺贴饰面、清理净面
11 – 89 ~ 11 – 94	分格嵌条、防滑条		100 m	按设计图示以"延长米"计算	清理、切割、镶嵌、固定
11 – 95 ~ 11 – 96	酸洗打蜡		100 m²	按设计图示以表面积计算	清理表面、上草酸打蜡、磨光
11 – Ha1 ~ 11 – Ha2	金刚砂耐磨楼地面、耐磨楼地面		100 m²	按设计图示以面积计算	清理基层、调运砂浆、刷素水泥浆、抹平、压光、养护
11 – Ha3 ~ 11 – Ha4	塑胶地面		100 m²	按设计图示以面积计算	清理基层、涂刷基层、面层,净面等全部操作过程
11 – Ha5	地面铺设钢丝网		100 m²	按设计图示以面积计算	铺设钢丝网全过程

6.3.2 墙面装饰工程

定额第十二分部是对应于《计价规范》L部分墙柱面划分分项工程的基准价格。包括内外墙、柱、梁面装饰及附属工艺的基准价格。其中,抹灰工程的零星项目适合遮阳板、门窗套、压顶等≤0.5 m²的抹灰,突出墙面展开宽度≤300 mm的竖、横线条抹灰。宽度>300 mm 且≤400 mm者按相应项目乘以系数1.33,宽度>400 mm 且≤500 mm者按相应项目乘以系数1.67。各种墙面抹灰包括钢筋混凝土墙、毛石墙、钢板网墙、轻质墙,由于墙面表面凹凸程度与材料黏结程度不同,其人工消耗量会产生差异,定额针对不同的结构底层设置不同墙体的一般抹灰的基准价格。

6.3.2.1 墙柱面抹灰工程

定额 12-1~12-32 是对应于《计价规范》011201~011203 墙、柱梁面抹灰工程内容的基准价格,由于以施工工艺作为划分标准,计价时需注意工作内容的对应性。分为一般抹灰与装饰抹灰的基准价格,定额补充了抹灰的附属工艺,线条抹灰、为防止裂缝铺设钢丝网的价格。墙面抹灰常于普通装修和结构主体完工后的装修基层。计价要点见表 6-5。

表 6-5 墙柱面抹灰面层装饰计价要点

相关子目	定额名称	计量单位	工程量计算规则	工作内容	计价要点
12-1~12-7	各种墙面一般抹灰;一般抹灰(独立柱、梁)	100 m²	计价规则同《计价规范》L011201 内容。若有室内吊顶,则内墙与柱面抹灰高度算至吊顶底面加 100 mm。	清理基层、修补堵眼、湿润基层、运输、清扫落地灰;分层抹灰找平、面层压光(包括门窗洞口侧壁抹灰)	不规则墙面抹灰,按同类项目价格乘以系数 1.15。
12-8	装饰线条抹灰	100 m	装饰线条抹灰按设计长度计算。装饰抹灰分格嵌缝与零星抹灰按展开面积计算	基层清理,运输;翻包网格布;挂贴钢丝网(钢板网)	设计抹灰材料配合比与定额不同时可换算。以面积计的抹灰层设计厚度与定额不一致可换算。
12-9~12-11	贴玻纤网格布 挂钢丝网 挂钢板网	100 m²			
12-12~12-32	墙面装饰抹灰;拉条灰、甩毛灰;抹灰分格嵌缝、打底零星项目和柱面装饰抹灰	100 m²	计价规则同《计价规范》L011201 内容。若有室内吊顶则内墙与柱面抹灰高度算至吊顶底面加 100 mm。 装饰线条抹灰按设计长度计算。装饰抹灰分格嵌缝与零星抹灰按展开面积计算	清理基层、修补堵眼、湿润基层、运输、清扫落地灰。 分层抹灰找平、抹装饰面、勾分格缝	砖墙的钢筋混凝土墙柱抹灰 > 0.5 m² 时,并入墙面项目执行。≤0.5 m² 时,按零星项目执行

6.3.2.2 墙面块材铺贴

定额 12-33~12-115 是对应于《计价规范》011204~011207 墙、柱梁面块材工程内容的基准价格,定额基价以施工工艺作为划分标准,计价时需注意工作内容的对应性。墙面使用块材铺贴时,需要基层具有一定的强度,因此对某些基层需要处理。外墙使用大面积块材时,应以钢结构作为龙骨。定额补充了不同间距的龙骨及类型基准价格。柱梁面块材,计价时需注意消耗量的使用。墙面块材的消耗量按 -3%~2% 的比率计入,柱面块材的消耗量按 4%~6% 计入,当使用块材的规格与铺贴部位有所差异时,需调整消耗量。块料墙面常用工艺主要有镶贴和拴挂。其面层的计价要点见表 6-6。

表 6-6 块料墙面面层的计价要点

相关子目	定额名称	计量单位	工程量计算规则	工作内容	计价依据
12-33、12-34	挂贴石材、拼碎石材	100 m²	按设计图示尺寸以面积计,与计价规范工程量计价规则相同	干挂块材 1. 清理、修补基层表面、刷浆、安铁件、制作安装钢筋、焊接固定;抹黏结层砂浆 2. 选料、钻孔成槽、穿丝固定;调运砂浆;挂贴面层 3. 嵌缝、刷胶;清洁表面 粘贴块材: 1. 清理、修补基层表面、调运砂浆、砂浆打底、铺抹结合层(刷黏结剂) 2. 选料、面层粘贴、清洁表面	块料墙、柱、梁面由于扣除勾缝所占面积后,定额材料消耗量是理论消耗量,砖缝按 5~10 mm 调整。与实际不符时,可调整 块料面层高在 300 mm 以内按踢脚计价 玻化石、岩板均按面砖计价 关于柱墩、柱帽,除已有项目外,其他另加工日抹灰 0.5 工日,块材 0.38 工日,饰面 0.5 工日
12-35、12-36	粘贴石材				
12-45~12-48	挂钩式干挂石材、背栓式				
12-49~12-52	干挂石材				
12-53~12-70	陶瓷锦砖、玻璃马赛克				
12-71	瓷板				
12-72、12-73	凹凸假麻石				
12-74、12-75	干挂石材钢骨架、后置架	t	按设计图示尺寸以 t 计量	铁件加工、钢架制作、安装、焊接等全部操作过程	
12-76~12-79	石材柱面(柱梁面镶贴块料)	100 m²	柱梁面镶贴块料同零星工程的块料铺贴计价规则同计价规范定义分项工程。 1. 已列干挂石材子目的柱墩、柱帽按圆弧形成品考虑,按其圆的最大外径计算。其他按展开面积考虑 2. 柱与零星项目均按最大外围尺寸计算	挂石材时: 1. 清理、修补基层表面、刷浆、安铁件、制作安装钢筋、焊接固定;砂浆打底、铺抹结合层;安挂件(螺栓) 2. 选料、钻孔开槽、穿丝固定;调运砂浆;挂贴、安装面层;嵌缝、刷胶、清洁表面 3. 基层清理、清理石材、钻孔、预埋铁件、制作安装钢筋网、焊接固定 4. 面层安装、挂板、镶贴、穿丝固定、灌浆、清洁表面	
12-80~12-81	石材包圆柱饰面				
12-82~12-85	陶瓷锦砖、玻璃马赛克				
12-86~12-95	柱梁面铺贴瓷板、面砖假麻石等				
12-96~12-115	墙面零星装饰				

6.3.2.3 墙饰面工程

定额 12-116~12-209 的子目是对应于《计价规范》011207 和 011208 分项工程的基准价格。《计价规范》要求墙饰面的价格包括基层和面层,定额将基层与面层基准价格分开列项。基层有木龙骨基层、轻钢龙骨基层、夹板或卷材基层,基层除用于固定面层作用外,还可以添加材料成为功能层。面层材料种类较多,包括板材、玻璃材料、金属材料、纺织类材料等面层。无论是基层、面层还是龙骨,均按设计尺寸以饰面表面积计算。扣除门窗洞口及单个 >0.3 m^2 的孔洞所占面积;扣除的部分需计算增加面积;不扣除单个 $\leqslant$ 0.3 m^2 的孔洞所占面积,不扣除的亦不增加面积;柱、梁面按设计图示饰面外围尺寸以面积计算。柱帽、柱墩并入相应柱饰面工程量内。

6.3.2.4 幕墙工程、隔断工程

幕墙工程与隔断工程是对应于《计价规范》011209 和 011210 分项工程的基准价格。定额把幕墙工程、隔断工程的分项内容按材料划分,工程量计算规则与《计价规范》相同,同时补充成品柱材料与安装的价格,幕墙与建筑封边的价格。

6.3.3 天棚工程

定额第十三分部是《计价规范》I 部分天棚工程的基准价格。包括天棚抹灰工程、吊顶工程、其他附属工程的基准价格。天棚吊顶分为平面(跌级)吊顶、艺术吊顶(非平面吊顶)、其他形式吊顶包括格栅吊顶、吊筒吊顶、藤条造型悬挂吊顶、织物软雕吊顶、装饰网架吊顶等。本章定额包括天棚抹灰、天棚吊顶、天棚其他装饰三节。

6.3.3.1 平面吊顶

平面吊顶是指表面没有任何造型和层次的吊顶形式,这种顶面构造平整、简洁、利落大方,材料也较其他的吊顶形式节省,适用于各种居室的吊顶装饰。它常用各种类型的装饰板材拼接而成,也可以表面刷浆、喷涂、裱糊壁纸、墙布等(刷乳胶漆推荐石膏板拼接,便于处理接缝开裂)。用木板拼接要严格处理接口,一定要用胶或环氧树脂处理。跌级吊顶指平面吊顶的全部或部分做成阶梯形式的吊顶。艺术吊顶指表面做有造型的吊顶形式。施工工艺由龙骨和面层组成,使用材料不同,基准价格亦不同。计价要点见表6-7。

表 6-7　天棚抹灰面面层的计价要点

定额相关子目	定额名称	工程量计算规则	工作内容	计价依据
13-1 ~ 13-7	天棚抹灰混凝土面层、板条面钢板网面装饰线等	按设计图示尺寸以展开面积计算天棚抹灰。不扣除间壁墙、垛、柱、附墙烟囱、检查口和管道所占的面积,带梁天棚的梁两侧抹灰面积并入天棚面积内,板式楼梯底面抹灰面积(包括踏步、休息平台以及500 mm宽的楼梯井)按水平投影面积乘以系数1.15计算,锯齿形楼梯底板抹灰面积(包括踏步、休息平台以及500 mm宽的楼梯井)按水平投影面积乘以系数1.37计算	清理修补基层表面、堵眼、调运砂浆、清扫落地灰,抹灰找平、罩面和压光	楼梯底板抹灰按本章相应项目执行,其中锯齿形楼梯按相应项目人工乘以系数1.35。抹灰项目中砂浆配合比与设计不同时,可按设计要求予以换算;如设计厚度与定额取定厚度不同时,按相应项目调整。如混凝土天棚刷素水泥浆或界面剂,按本定额"第十二章墙、柱面装饰与隔断、幕墙工程"相应项目人工乘以系数1.15

定额相关子目	定额名称	工程量计算规则	工作内容	计价依据
13 – 8 ~ 13 – 27	吊顶天棚（平面跌级）木龙骨	1.天棚龙骨按主墙间水平投影面积计算，不扣除间壁墙、垛、柱、附墙烟囱、检查口和管道所占的面积，扣除单个 > 0.3 m² 的空洞、独立柱及与天棚相连的窗帘盒所占的面积。斜面龙骨按斜面计算 2.天棚吊顶的基层和面层均按设计图示尺寸以展开面积计算。天棚面中的灯槽及跌级、阶梯式、锯齿形、吊挂式、藻井式天棚面积按展开计算。不扣除间壁墙、垛、柱、附墙烟面、检查口和管道所占面积，扣除单个 0.3 m² 的孔洞、独立柱及与天棚相连的窗帘盒所占的面积	定位划线选料、下料、制作安装（包括检查孔）制作安装木楞（包括检查孔） 1.吊件加工安装定位、划线、射钉、选料下料定位杆控制高度、平整、安装龙骨及吊配附件、孔洞预留、临时加固、调整、校正、灯箱风口封边、龙骨设置、预留位置整体调整 2.安装天棚基层 3.安装天棚面层	1.除烤漆龙骨天棚为龙骨、面层合并列项外，其余均为天棚龙骨、基层、面层分别列项编制 2.龙骨的种类、间距、规格和基层、面层材料的型号、规格是按常用材料和常用做法考虑的，如设计要求不同时，材料可以调整，人工、机械不变 3.天棚面层在同一标高者为平面天棚，天棚面层不在同一标高者为跌级天棚。跌级天棚其面层按相应项目人工乘以系数1.30 4.轻钢龙骨、铝合金龙骨项目中龙骨按双层双向结构考虑，即中、小龙骨紧贴大龙骨底面吊挂，如为单层结构时，即大、中龙骨底面在同一水平上者，人工乘以系数0.85
13 – 28 ~ 13 – 78, 13 – 215, 13 – 216	吊顶天棚（平面跌级）轻钢龙骨铝合金龙骨烤漆龙骨天棚			
13 – 79 ~ 13 – 81	吊顶天棚（平面跌级）板材基层			
13 – 82 ~ 13 – 146	吊顶天棚各种材质面层灯片（平面跌级）			
13 – 147 ~ 13 – 159	艺术造型天棚轻钢龙骨方木龙骨			
13 – 160 ~ 13 – 181	艺术造型天棚基层			
13 – 182 ~ 13 – 214	艺术造型天棚			

6.3.3.2 其他吊顶形式

吊筒吊顶用某种材料做成筒状的装饰，悬吊于顶棚，形成某种特定装饰效果，称为吊筒式吊顶。采用筒形状的物体或者吊顶材料圆形状，称为吊筒吊顶。计价要点见表6-8。

表6-8　吊顶工程计价要点

相关子目	定额名称	工程量计算规则	工作内容	计价依据
13－217～ 13－224	格栅吊顶	格栅吊顶、藤条造型悬挂吊顶、织物软雕吊顶和装饰网架吊顶,按设计图示尺寸以水平投影面积计算。吊筒吊顶以最大外围水平投影尺寸,以外接矩形面积计算	电锤打眼,埋膨胀螺栓、吊安装天棚面层。 定位放线下料安装	格栅吊顶、吊筒吊顶、藤条造型悬挂吊顶、织物软雕吊顶、装饰网架吊顶,龙骨、面层合并列项编制。 吊筒吊顶是直接吊在天棚下的装饰吊顶。格栅吊顶包括铝合金格栅、条板天棚、木格栅天棚
13－225～ 13－227	吊筒吊顶		清理基层、安装面层	
13－229	藤条造型悬挂吊顶		清理基层、安装面层	
12－230～ 13－233	织物软雕吊顶		清理基层、安装面层	
13－234	装饰网架吊顶		清理基层,网架制作安装	
13－235～ 13－238	灯槽、灯带	1. 灯带(槽)按设计图示尺寸以框外围面积计算 2. 送风口、回风口及灯光孔按设计图示数量计算	定位、划线、下料、钻孔埋木楔、灯槽制安	
13－239～ 13－242	送回风口	按设计图示尺寸以个计算	对口、号眼、安装木柜条、风口校正、上螺钉等	

6.4　实　例

【**例6-1**】　如图6-1所示,是商店的一层平面布置图,计算商店地面、墙面、吊顶装修工程的清单工程量,编制工程量清单。各部位装修做法见表6-9。

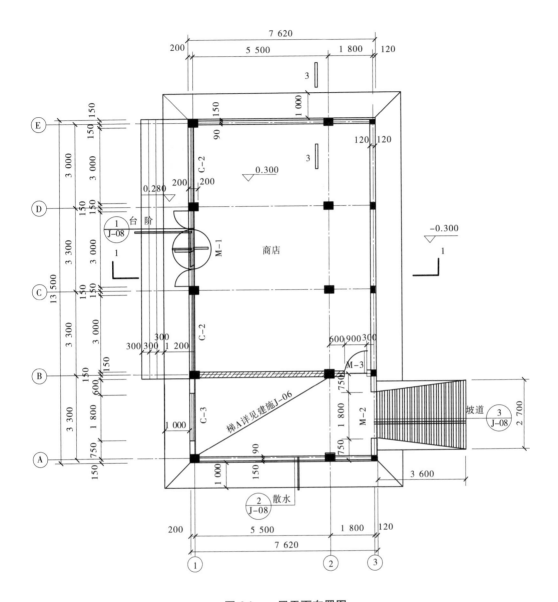

图 6-1 一层平面布置图

分析:本题中,结合地下室图纸,可以判断商店的①~②轴线是在预制板上面,属于楼面面层,②~③轴线的工程量直接位于地坪之上,属于地面范围。

解:(1)计算 011102003 块料地面分项工程的清单工程量。

商店①~②轴线楼面面积:$S_{楼} = (5.5 - 0.04 + 0.2) \times (3.3 \times 3 - 0.09 - 0.12) = 54.85(m^2)$

商店②~③轴线地面面积:$S_{地} = (1.8 - 0.2 - 0.12) \times (3.3 \times 3 - 0.09 - 0.12) = 14.34(m^2)$

表6-9　商店地面、楼面、顶面装修做法

部位	做法	部位	做法
地面	1.600 mm×600 mm 地板砖 2.20 mm 厚 1:3 干硬性水泥砂浆结合,表面撒水泥粉 3.60 mm 厚 C15 混凝土垫层 4.150 mm 厚碎石夯入土中 （由上至下）	墙面	1.三遍乳胶漆 2.局部刮腻子、磨平 3.清理基层 4.5 mm 厚 1:2 水泥砂浆找平 5.9 mm 厚 1:3 水泥砂浆打底 （由外至内）
楼面	1.600 mm×600 mm 地板砖 2.20 mm 厚 1:3 干硬性水泥砂浆结合 3.表面撒水泥粉 4.钢筋混凝土板 （由上至下）	天棚	1.吸音矿棉吸音板 300 mm×300 mm 2.平面轻钢龙骨 （由外至内）

由于两者面层以下做法不同,用清单后三位来区分,商店楼面工程量清单编码:011102003001,商店地面工程量清单编码 011102003002。

（2）根据墙面做法,砖墙面基层抹灰＋抹灰面油漆,对应清单子目墙面打底011201001001,抹灰面油漆 011406001001,清单工程量:

$$S_{墙面} = 33.66 \times (3.57 - 0.27 - 0.1)(墙高) - 3 \times 2.7(M1) - 3 \times 1.5 \times 2(C2) - 0.9 \times 2.1(M3) = 88.72(m^2)$$

（3）天棚使用吊顶,无抹灰面,对应子目011302001001,工程量计算如下:

$$S_{天棚} = 54.85 + (5.5 + 1.8 - 0.2 - 0.4 - 0.12) \times 2 \times (0.4 - 0.1) \times 2(KL3, KL4\ 梁侧) + (3.3 \times 3 - 0.15 \times 2 - 0.3 \times 2) \times 2 \times (0.6 - 0.1)(LL6\ 梁侧) = 71.75(m^2)$$

工程量清单见表6-10。

表6-10　商店装修分部分项工程量清单

工程名称：　　　　　　　　　　　　标段：　　　　　　　　　　　　　第1页

项目编码	项目名称	项目特征描述	计量单位	工程量	金额		
					综合单价	合价	暂估价
011102003001	商店楼面	1.600 mm×600 mm 地板砖 2.20 mm 厚 1:3 干硬性水泥砂浆结合或干混地面砂浆 DS M20 3.表面撒水泥粉	m²	54.85			
011102003002	商店地面	1.600 mm×600 mm 地板砖 2.20 mm 厚 1:3 干硬性水泥砂浆结合,表面撒水泥粉 3.60 mmm 厚 C15 混凝土垫层 4.150 mm 厚碎石夯入土中	m²	14.34			

项目编码	项目名称	项目特征描述	计量单位	工程量	金额		
					综合单价	合价	暂估价
011201001001	墙面抹灰	1.5 mm 厚 1:2水泥砂浆找平 2.9 mm 厚 1:3水泥砂浆打底	m^2	88.72			
011406001001	抹灰面油漆	1. 三遍乳胶漆 2. 局部刮腻子、磨平 3. 清理基层	m^2	88.72			
011302001001	天棚吊顶	1. 吸音矿棉吸音板 　300 mm×300 mm 2. 平面轻钢龙骨	m^2	71.75			

【例6-2】 根据例 6-1 的工程量清单,表 6-10 各分项的综合单价,其中人工费的调价格并按标准格式填写装修工程量清单综合单价合计。

解:根据表 6-9 做法,清单分项对应的定额子目见表 6-11。

表 6-11　商店装修工程工程量计算表

序号	分项工程名称	清单/定额子目	工程量计算过程	计算结果	部位说明
1	楼面地砖	011102003001 11-31	(5.5 - 0.04 + 0.2) × (3.3 × 3 - 0.09 - 0.12)	54.85	商店楼面部分
2	地面地砖	011102003002 11-11	(1.8 - 0.2 - 0.12) × (3.3 × 3 - 0.09 - 0.12)	14.34	
	垫层1	4-81	(1.8 - 0.2 - 0.12) × (3.3 × 3 - 0.09 - 0.12) × 0.15	2.15	
	垫层2	11-4	(1.8 - 0.2 - 0.12) × (3.3 × 3 - 0.09 - 0.12)	14.34	商店地面部分,做法详见表 6-9
6.7	墙面乳胶漆	011201001001 (14-199) + (14-201) 12-1	33.66 × (3.57 - 0.27 - 0.1)(墙高) - 3 × 2.7(M1) - 3 × 1.5 × 2(C2) - 0.9 × 2.1(M3)	88.72	
6.8	吊顶天棚	011302001001 13-28 (14-199) + (14-201)	54.85 + (5.5 + 1.8 - 0.2 - 0.4 - 0.12) × 2 × (0.4 - 0.1) × 2(KL3,KL4 梁侧) + (3.3 × 3 - 0.15 × 2 - 0.3 × 2) × 2 × (0.6 - 0.1)(LL6 梁侧)	71.75	

表 6-12　商店楼面工程综合单价分析表

项目编码	011102003001	项目名称	楼面工程	计量单位	m²	工程量	54.85

清单综合单价组成明细

定额编号	定额项目名称	定额单位	数量	单价				合价			
				人工费	材料费	机械费	管理费和利润	人工费	材料费	机械费	管理费和利润
11 – 31	块料面层陶瓷地面砖 0.36 m² 以内	100 m²	0.01	2 279.3	6 447.26	67.12	694.12	22.79	64.47	0.67	6.94
人工单价		小计						22.79	64.47	0.67	6.94
112.97 元/工日		未计价材料费									
清单项目综合单价								94.87			

表 6-13　商店地面工程综合单价分析表

项目编码	011102003002	项目名称	地面工程	计量单位	m²	工程量	14.34

清单综合单价组成明细

定额编号	定额项目名称	定额单位	数量	单价				合价			
				人工费	材料费	机械费	管理费和利润	人工费	材料费	机械费	管理费和利润
4 – 81	垫层碎石干铺	10 m³	0.015	416.1	1 044.76	6.63	176.44	6.24	15.67	0.1	2.65
11 – 4 换	细石混凝土地面找平层 30mm 实际厚度（mm）：60 换为【预拌混凝土 C15】	100 m²	0.01	1 680.55	1 214.05	173.54	540.92	16.81	12.14	1.74	5.41
11 – 31	块料面层陶瓷地面砖 0.36 m² 以内	100 m²	0.01	2 279.3	6 447.26	67.12	694.12	22.79	64.47	0.67	6.94
人工单价		小计						45.84	92.28	2.51	15
109.65 元/工日		未计价材料费									
清单项目综合单价								155.63			

表 6-14　商店抹灰面工程综合单价分析表

| 工程名称： | | | 标段： | | | | | | | 第 1 页 | |

| 项目编码 | 011201001001 | 项目名称 | 墙面一般抹灰 | 计量单位 | m² | 工程量 | 88.72 |

清单综合单价组成明细

定额编号	定额项目名称	定额单位	数量	单价				合价			
				人工费	材料费	机械费	管理费和利润	人工费	材料费	机械费	管理费和利润
(12-1)+(12-3)*-6	一般抹灰实际厚度（mm）:14	100 m²	0.01	1 071.07	297.13	53.69	421.07	10.71	2.97	0.54	4.21
人工单价		小计						10.71	2.97	0.54	4.21
112.96 元/工日		未计价材料费									
清单项目综合单价								18.43			

表 6-15　商店墙面油漆面工程综合单价分析表

| 工程名称： | | | 标段： | | | | | | | 第 1 页 | |

| 项目编码 | 011406001001 | 项目名称 | 墙面乳胶漆 | 计量单位 | m² | 工程量 | 88.72 |

清单综合单价组成明细

定额编号	定额项目名称	定额单位	数量	单价				合价			
				人工费	材料费	机械费	管理费和利润	人工费	材料费	机械费	管理费和利润
(14-199)+14-201	乳胶漆室内墙面实际遍数（遍）:3	100 m²	0.01	1 146.92	624.87		396.38	11.47	6.25		3.96
人工单价		小计						11.47	6.25		3.96
112.98 元/工日		未计价材料费									
清单项目综合单价								21.68			

表6-16　商店吊顶工程综合单价分析表

工程名称：　　　　　　　　　　标段：　　　　　　　　　　　第1页

| 项目编码 | 011302001001 | 项目名称 | 天棚吊顶 | 计量单位 | m² | 工程量 | 71.75 |

清单综合单价组成明细

定额编号	定额项目名称	定额单位	数量	单价				合价			
				人工费	材料费	机械费	管理费和利润	人工费	材料费	机械费	管理费和利润
(13-28) R×0.85	轻钢天棚龙骨(不上人型)规格300 mm×300 mm平面,单层结构时,即大、中龙骨底面在同一水平上人工×0.85	100 m²	0.01	1 350.79	3 875.66	289.4	686.87	13.51	38.76	2.89	6.87
13-113	吸音板天棚矿棉吸音板	100 m²	0.01	980.2	6 300		423.74	9.8	63		4.24
人工单价		小计						23.31	101.76	2.89	11.11
112.97 元/工日		未计价材料费									
清单项目综合单价								139.07			

表 6-17 商店装修分部分项工程量清单

工程名称：   标段：   第 1 页

项目编码	项目名称	项目特征描述	计量单位	工程量	综合单价	合价	暂估价
					金额		
011102003001	商店楼面	1. 600 mm×600 mm 地板砖 2. 20 mm 厚 1:3 干硬性水泥砂浆结合或干混地面砂浆 DS M20 3. 表面撒水泥粉	m²	54.85	94.87	5 203.62	
011102003002	商店地面	1. 600 mm×600 mm 地板砖 2. 20 mm 厚 1:3 干硬性水泥砂浆结合,表面撒水泥粉 3. 60 mm 厚 C15 混凝土垫层 4. 150 mm 厚碎石夯入土中	m²	14.34	155.63	2 231.73	
011201001001	墙面抹灰	1. 5 mm 厚 1:2 水泥砂浆找平 2. 9 mm 厚 1:3 水泥砂浆打底	m²	88.72	18.43	1 635.11	
011406001001	抹灰面油漆	1. 三遍乳胶漆 2. 局部刮腻子、磨平 3. 清理基层	m²	88.72	21.68	1 923.45	
011302001001	天棚吊顶	1. 吸音矿棉吸音板 300 mm×300 mm 2. 平面轻钢龙骨	m²	71.75	139.07	9 978.27	

习　题

1. 计算地下室楼梯间墙面的工程量。

2. 根据附录 3 中的工程量,套用定额相应子目,计算地下室走廊的装修价格。

第7章　措施工程

措施费指为完成工程项目,发生于工程施工前和施工过程中非工程实体项目的费用。措施费可分为技术措施费与组织措施费两大类。技术措施费包括脚手架、模板、垂直运输等与工程实体有关的现场费用。组织措施费包括环境保护费、文明施工费、安全施工费、临时设施费、夜间施工增加费、二次搬运工程等和工程实体无关的措施费用。根据计量程度可分为可计量的措施和不可计量的措施,可计量的措施有脚手架、模板、垂直运输、超高措施等,不可计量的措施有环境保护、文明施工、安全施工、临时设施、夜间施工增加、二次搬运工程等。

7.1　《计价规范》措施工程设置要点

我国现有造价管理体系普遍认为,措施工程是体现建筑企业管理实力的技术指标。投标报价时,施工企业根据自身管理能力按照招标的内容及所含工作范围进行自主报价。安全文明施工费涉及项目操作工人的安全、生活及环境保护问题,因此强制规定安全文明费用属于不可竞争费用。《计价规范》在装修装饰工程的分项工程中列出常用土木建筑工程总承包企业常用措施工程。主要有一般措施工程、脚手架工程、混凝土模板与支架工程、垂直运输与超高增加费用,并规定措施项目也同分部分项工程一样,编制工程量清单必须列出项目编码、项目名称、项目特征、计量单位,同时明确了措施项目的计量、项目编码、项目名称、项目特征、计量和工程量计算规则。混凝土模板及支撑(架)项目011703,只适用于以 m² 计量,按模板与混凝土构件的接触面积计算,模板及支撑(支架)不再单列,按混凝土及钢筋混凝土实体项目执行,综合单价中应包含模板及支架。采用清水模板时,应在特征中注明。模板子目划分标准与第4章混凝土构件一一对应,本节的混凝土模板仅指单独设置模板时需要列明的清单,本书对此部分不再详述。

7.1.1　一般措施工程(011701)

一般措施工程指环境保护、安全文明施工、夜间施工增加、二次搬运工程。

7.1.1.1　安全文明施工(011701001)

安全文明施工是指工程施工期间按照国家现行的环境保护、建筑施工安全、施工现场环境与卫生标准和有关规定,需购置和更新施工安全防护用具及设施、改善安全生产条件和作业环境所需要的措施。包括环境保护、文明施工、安全施工、临时设施,工作内容及所含范围如下:

(1)环境保护包含范围:现场施工机械设备降低噪音、防扰民措施费用;水泥和其他易飞扬细颗粒建筑材料密闭存放或采取覆盖措施等费用;工程防扬尘洒水费用;土石方、建筑渣土外运车辆冲洗、防撒漏等费用;现场污染源的控制、生活垃圾清理外运、场地排水排污措施的费用;其他环境保护措施费用。

（2）文明施工包含范围:"五牌一图"的费用;现场围挡及墙面美化(包括内外粉刷、刷白、标语等)、压顶装饰费用;现场厕所便槽刷白、贴面砖,水泥砂浆地面或地砖费用,建筑物内临时便溺设施费用;其他施工现场临时设施的装饰装修、美化措施费用;现场生活卫生设施费用;符合卫生要求的饮水设备、淋浴、消毒等设施费用;生活用洁净燃料费用;防煤气中毒、防蚊虫叮咬等措施费用;施工现场操作场地的硬化费用;现场绿化费用、治安综合治理费用;现场配备医药保健器材、物品费用和急救人员培训费用;用于现场工人的防暑降温费、电风扇、空调等设备及用电费用;其他文明施工措施费用。

（3）安全施工包含范围:安全资料、特殊作业专项方案的编制,安全施工标志的购置及安全宣传的费用;"三宝"(安全帽、安全带、安全网)、"四口"(楼梯口、电梯井口、通道口、预留洞口)、"五临边"(阳台围边、楼板围边、屋面围边、槽坑围边、卸料平台两侧),水平防护架、垂直防护架、外架封闭等防护的费用;施工安全用电的费用,包括配电箱的三级配电、两级保护装置要求、用电防护措施;起重机、塔吊等起重设备(含井架、门架)及外用电梯的安全防护措施(含警示标志)费用及卸料平台的临边防护、层间安全门、防护棚等设施费用;建筑工地起重机械的检验检测费用;施工机具防护棚及其围栏的安全保护设施费用;施工安全防护通道的费用;工人的安全防护用品、用具购置费用;消防设施与消防器材的配置费用;电气保护、安全照明设施费;其他安全防护措施费用。

（4）临时设施包含范围:施工现场采用彩色、定型钢板,砖、混凝土砌块等围挡的安砌、维修、拆除费或摊销费;施工现场临时建筑物、构筑物的搭设、维修、拆除或摊销的费用,如临时宿舍、办公室、食堂、厨房、厕所、诊疗所,临时文化福利用房、临时仓库、加工场、搅拌台、临时简易水塔、水池等;施工现场临时设施的搭设、维修、拆除或摊销的费用,如临时供水管道、临时供电管线、小型临时设施等;施工现场规定范围内临时简易道路铺设,临时排水沟、排水设施安砌、维修、拆除的费用;其他临时设施费搭设、维修、拆除或摊销的费用。

7.1.1.2　夜间施工(011701002)

工作内容与所含范围是:

（1）夜间固定照明灯具和临时可移动照明灯具的设置、拆除。

（2）夜间施工时,施工现场交通标志、安全标牌、警示灯等的设置、移动、拆除。

（3）包括夜间照明设备摊销及照明用电、施工人员夜班补助、夜间施工劳动效率降低等费用。

7.1.1.3　非夜间施工照明(011701003)和二次搬运(011701004)

工作内容与所含范围:

（1）非夜间施工照明是为了保证工程施工正常进行,在如地下室等特殊施工部位施工时所采用的照明设备的安拆、维护、摊销及照明用电等费用。

（2）二次搬运包括由于施工场地条件限制而发生的材料、成品、半成品等一次运输不能到达堆放地点,必须进行二次或多次搬运的费用。

7.1.1.4　冬雨(风)季施工(011701005)

工作内容与所含范围:

（1）冬雨（风）季施工时增加的临时设施（防寒保温、防雨、防风设施）的搭设、拆除。

（2）冬雨（风）季施工时，对砌体、混凝土等采用的特殊加温、保温和养护措施。

（3）冬雨（风）季施工时，施工现场的防滑处理、对影响施工的雨雪的清除。

（4）包括冬雨（风）季施工时增加的临时设施的摊销、施工人员的劳动保护用品、冬雨（风）季施工劳动效率降低等费用。

7.1.1.5 大型机械设备进出场及安拆（011701006）

工作内容与所含范围：

（1）大型机械设备进出场包括施工机械整体或分体自停放场地运至施工现场，或由一个施工地点运至另一个施工地点，所发生的施工机械进出场运输及转移费用，由机械设备的装卸、运输及辅助材料费等构成。

（2）大型机械设备安拆费包括施工机械在施工现场进行安装、拆卸所需的人工费、材料费、机械费、试运转费和安装所需的辅助设施的费用。

7.1.1.6 施工排水（011701007）和施工降水（011701008）

工作内容与所含范围：

（1）施工排水是指为保证工程在正常条件下施工，所采取的排水措施所发生的措施，通常指排地表水。包括排水沟槽开挖、砌筑、维修，排水管道的铺设、维修，排水的费用及专人值守的费用等。

（2）施工降水是指为保证工程在正常条件下施工，所采取的降低地下水位的措施所发生的措施。包括成井、井管安装、排水管道安拆及摊销、降水设备的安拆及维护的费用，抽水的费用及专人值守的费用等。

7.1.1.7 地上、地下设施、建筑物的临时保护设施（011701009）和已完工程及设备保护（011701010）

工作内容与所含范围包括：

（1）在工程施工过程中，对已建成的地上、地下设施和建筑物进行的遮盖、封闭、隔离等必要保护措施所发生的费用。

（2）对已完工程及设备采取的覆盖、包裹、封闭、隔离等必要保护措施所发生的费用。

7.1.2 脚手架工程（011702）

脚手架工程分为综合脚手架（011702001）、外脚手架（011702002）、里脚手架（011702003）、悬空脚手架（011702004）、挑脚手架（011702005）、满堂脚手架（011702006）、整体提升架（011702007）、外装饰吊篮（011702008）。脚手架清单与分项工程列明内容一致，需列出编码、项目名称、项目特征、计量单位、工作内容。脚手架材质可以不描述，但应注明由投标人根据工程实际情况按照《建筑施工扣件式钢管脚手架安全技术规范》和《建筑施工附着升降脚手架管理规定》等规范自行确定。同一建筑物有不同檐高时，按建筑物竖向切面分别按不同檐高编列清单项目。设置要点如下。

7.1.2.1 综合脚手架

综合脚手架综合了建筑物中砌筑内外墙所需用的砌墙脚手架、运料斜坡、上料平台、金属卷扬机架、外墙粉刷脚手架等内容。使用综合脚手架时，不再使用外脚手架、里脚手架等单项脚手架;综合脚手架适用于能够按"建筑面积计算规则"计算建筑面积的建筑工程脚手架,不适用于房屋加层、构筑物及附属工程脚手架。项目特征需列明建筑结构形式、檐口高度,工程量以建筑面积计算。

7.1.2.2　单项脚手架

单项脚手架指外脚手架、里脚手架、悬空脚手架、挑脚手架、满堂脚手架。

(1)外脚手架统指在建筑物外围所搭设的脚手架。外脚手架使用广泛,各种落地式外脚手架、挂式脚手架、挑式脚手架、吊式脚手架等,一般均在建筑物外围搭设。外脚手架多用于外墙砌筑、外立面装修及钢筋混凝土工程。项目特征需列明搭设方式、搭设高度、脚手架材质。工程量按所服务对象的垂直投影面积计算。

(2)里脚手架搭设于建筑物内部,每砌完一层墙后,即将其转移到上一层楼面,进行新的一层砌体砌筑,它可用于内外墙的砌筑和室内装饰施工。项目特征需列明搭设方式、搭设高度、脚手架材质。工程量按所服务对象的垂直投影面积计算。

(3)悬空脚手架指用钢丝绳沿对墙面拉起,工作台在上面滑移施工的脚手架,常用于净高超过 3.6 m 的屋面板勾缝、刷浆。挑脚手架指采用悬挑形式搭设的脚手架,基本形式有支撑杆式和挑梁式两种。项目特征需列明搭设方式、悬挑宽度、脚手架材质。工程量按搭设的水平投影面积计算。

(4)悬挑式脚手架一般有两种:一种是每层一挑,将立杆底部顶在楼板、梁或墙体等建筑部位,向外倾斜固定后,在其上部搭设横杆、铺脚手板形成施工层,施工一个层高,待转入上层后,再重新搭设脚手架,提供上一层施工;另外一种是多层悬挑,将全高的脚手架分成若干段,每段搭设高度不超过 20 m。项目特征需列明搭设方式、悬挑宽度、脚手架材质。工程量按搭设长度乘以搭设层数以延长米计算。

(5)满堂脚手架是在室内按全面积搭设的,满堂脚手架则明显属于里脚手架范围,它是相对于附墙或柱的单排、双排脚手架而言的,一般是为顶棚施工或抹灰的需要而搭设的,施工人员需要在某固定高度全部的水平面往返操作,所以其搭设面积一般和室内净空面积相等。满堂脚手架是按基本层(其高度在 3.6~5.2 m)和增加层(每增加 1.2 m)分列子项。适用于室内净高 3.6 m 以上的天棚装饰工程及满堂基础工程的脚手架,它分有木架、竹架和钢管架。项目特征需列明搭设方式、搭设高度、脚手架材质。工程量按搭设的水平投影面积计算。

7.1.2.3　整体提升脚手架和外装饰吊篮

(1)整体提升脚手架是楼层外脚手架为一个整体,配置有专门的提升机构进行整体提升的外脚手架,脚手架可以随楼层的升高整体提升。其他脚手架为现场搭设,不能升降。整体提升架已包括 2 m 高的防护架体设施。工作内容包括场内、场外材料搬运,选择附墙点与主体连接,搭、拆脚手架、斜道、上料平台,安全网的铺设,测试电动装置、安全锁,拆除脚手架后材料的堆放。项目特征需列明搭设方式及启动装置、搭设高度。工程量按所服务对象的垂直投影面积计算。

(2)外装饰吊篮指临时使用起吊设备将操作人员运到外墙任一位置,是建筑清洗、后期装饰、维护的常用工具。工作内容包括场内、场外材料搬运,吊篮的安装,测试电动装置、安全锁、平衡控制器,吊篮的拆卸。

7.1.3　垂直运输(011704)

垂直运输机械指施工现场在合理工期内所需垂直运输机械,用来起吊材料、人员,常用的有塔吊、起重机、施工电梯等。项目特征中需注明檐口高度、层数。同一建筑物有不同檐高时,按建筑物的不同檐高做纵向分割,分别计算建筑面积,以不同檐高分别编码列项。清单列项要点见表7-1。

表 7-1　垂直运输单价措施工程清单列项要点

项目编码	项目名称	项目特征	计量单位	工程量计算规则	工作内容
011704001	垂直运输	1.建筑物建筑类型及结构形式 2.地下室建筑面积 3.建筑物檐口高度、层数	1.m² 2.天	1.按《建筑工程建筑面积计算规范》(GB/T 50353—2005)的规定计算建筑物的建筑面积 2.按施工工期日历天数	1.垂直运输机械的固定装置、基础制作、安装 2.行走式垂直运输机械轨道的铺设、拆除、摊销

7.1.4　超高施工增加(011705)

超高施工增加指的是建筑物层数或高度达一定标准后,会产生的人工降效。单层建筑物檐口高度超过 20 m,多层建筑物超过 6 层时,可按超高部分的建筑面积计算超高施工增加。计算层数时,地下室不计入层数;同一建筑物有不同檐高时,可按不同高度的建筑面积分别计算建筑面积,以不同檐高分别编码列项。清单列项要点见表7-2。

表 7-2　超高施工措施单价措施工程清单列项要点

项目编码	项目名称	项目特征	计量单位	工程量计算规则	工作内容
011705001	超高施工增加	1.建筑物建筑类型及结构形式 2.建筑物檐口高度、层数 3.单层建筑物檐口高度超过 20 m,多层建筑物超过 6 层部分的建筑面积	m²	按《建筑工程建筑面积计算规范》(GB/T 50353—2005)的规定计算建筑物超高部分的建筑面积	1.建筑物超高引起的人工工效降低以及由于人工工效降低引起的机械降效 2.高层施工用水加压水泵的安装、拆除及工作台班 3.通信联络设备的使用及摊销

7.2 定额子目列项及计价要点

定额第十七章是对应于《计价规范》房建专业 Q 措施分部的基准价格,并在《计价规范》基础上补充细化了工程量计算规则,提高了价格的精确度与准确性,补充的子项有安全网、电梯井架的基准价格。

7.2.1 综合脚手架(17-1~17-47)

综合脚手架是在以 011702001 工作内容的基础上,按照结构形式、檐口高度和施工规范中规定常规要求制定的基准价格。工程量计算方法与《计价规范》一致,均按建筑面积计算。

7.2.2 外脚手架、里脚手架、悬空脚手架、悬挑脚手架(17-48~17-58)

外脚手架、里脚手架、悬空脚手架、悬挑脚手架是《计价规范》基于 011702005~011702007 工作内容编制的基准价格。外脚手架按建筑物的高度细化了不同的基准价格,工程量计算规则与《计价规范》一致。满堂脚手架(17-59~17-60)是《计价规范》基于 011702008 工作内容编制的基准价格,细化按室内高度产生不同的价格。满堂脚手架工程量计算规则在《计价规范》的基础上按室内净面积计算,其高度为 3.6~5.2 m 时计算基本层,5.2 m 以上,每增加 1.2 m 计算一个增加层,不足 0.6 m 按一个增加层乘以系数0.5计算。计算公式如下:满堂脚手架增加层=(室内净高-5.2)/2。

7.2.3 整体提升架和外装饰吊篮

整体提升架和外装饰吊篮(17-61~17-64)是《计价规范》基于 011702009~011702010 工作内容编制的基准价格。工程量计算规则与《计价规范》一致,并在《计价规范》基础上增加安全网的基准价格。

7.2.4 补充增加安全网(17-62、17-63)和电梯井架(17-68~17-74)

略。

7.2.5 其他措施费价格

本章其他措施费子目的计价特点见表 7-3。

表 7-3 单价措施项目计价要点

相关子目	定额名称	计量单位	工程计价要点
17-75~17-103	垂直运输	100 m²	建筑物垂直运输机械台班用量,区分不同建筑物结构及檐高,按建筑面积计算。地下室面积与地上面积合并计算。 　本章按泵送混凝土考虑,如采用非泵送,垂直运输费按以下方法增加:相应项目乘以调整系数(5%~10%),再乘以非泵送混凝土数量占全部混凝土数量的百分比。 　单位工程合理工期内完成全部工程所需要的垂直运输全部操作过程

相关子目	定额名称	计量单位	工程计价要点
17-104~17-112	建筑物超高增加费	100 m²	工程量计算: 1.各项定额中包括的内容指单层建筑物檐口高度超过 20 m,多层建筑物超过 6 层的全部工程项目,但不包括垂直运输、各类构件的水平运输及各项脚手架。 2.建筑物超高施工增加的人工、机械按建筑物超高部分的建筑面积计算。 工作内容包括:工人上下班降低效率、上下楼及自然休息增加时间。垂直运输影响的时间。由于人工降效引起的机械降效。水压不足所发生的加压水泵台班
17-113~17-115	塔式起重机及施工电梯基础	座	工程量按座计算。 工作内容包括:组合钢模板安装、清理、刷润滑剂、拆除、集装箱装运,木模板制作、安装、拆除。 钢筋绑扎、制作、安装。 混凝土搅拌、浇捣、养护等全部操作过程
17-116~17-128	大型机械设备安拆	台次	大型机械安拆费按台次计算。 工作内容包括:机械运至现场后的安装、试运转,工程竣工后的拆除
17-129~17-154	大型机械设备进出场	台次	工程大型机械进出场费按台次计算。 工作内容包括:机械整体或分体自停放地点运至施工现场(或由一工地运至另一工地)的运输、装卸、辅助材料及架线费用
17-155~17-164	成井	10 根	工程量计算: 1.轻型井、喷射井点排水的井管安装、拆除以根为单位计算,使用以"套·天"计算;真空深井、自流深井排水的安装拆除以每口井计算,使用以每口"井·天"计算。 2.使用天数以每昼夜(24 h)为一天,并按施工组织设计要求的使用天数计算。 3.集水井按设计图示数量以"座"计算,大口井按累计井深以长度计算。
17-165~17-171	排水、降水	套·天	工作内容包括:钻孔、安装井管、地面管线连接、装水泵、滤砂、空口封土及拆管、清洗、整理等全部操作过程。 槽坑排水,抽水机具的安装、移动、拆除。抽水、值班、降水设备维修等
17-Ha1	地下室施工照明措施增加费	100 m²	地下室施工照明措施增加费按地下室建筑面积计算。 在地下室等特殊施工部位时所采用的照明设备的安拆、维护及照明用电等

7.3 建筑面积的计算

为规范工业与民用建筑工程建设全过程的建筑面积计算,统一计算方法,中华人民共和国住房和城乡建设部颁布实施了《建筑工程建筑面积计算规范》(GB/T 150353—2013),简称《建筑面积计算规范》,自 2014 年 7 月 1 日起实施,《建筑面积计算规范》适用于新建、扩建、改建的工业与民用建筑工程建设全过程的建筑面积计算。

7.3.1 建筑面积计算的相关术语

表7-4 建筑面积术语解释

序号	术语	释义
1	自然层	按楼地面结构分层的楼层,以结构板为标准
2	结构层结构层高	整体结构体系中承重的楼板层,包括板、梁等构件。楼面或地面结构层上表面到上部结构层上表面之间的垂直距离
3	围护设施	为保障安全而设置的栏杆、栏板等围挡
4	地下室	室内地平面低于室外地平面的高度超过室内净高的1/2的房间
5	半地下室	室内地平面低于室外地平面的高度超过室内净高的1/3,且不超过1/2的房间
6	架空层	仅有结构支撑而无外围护结构的开敞空间层
7	架空走廊	专门设置在建筑物的二层或二层以上,作为不同建筑物之间水平交通的空间
8	落地橱窗	凸出外墙面且根基落地的橱窗,即在商业建筑临街面设置的下槛落地、可落在室外地坪也可落在室内首层地板,用来展览各种样品的玻璃窗
9	檐廊挑廊	建筑物挑檐下的水平交通空间,附属于建筑物底层外墙有屋檐作为顶盖,其下部一般有柱或栏杆、栏板等的水平交通空间,挑出建筑物外墙的水平交通空间
10	门斗	建筑物入口处两道门之间的空间
11	雨篷	建筑物出入口上方、凸出墙面、为遮挡雨水而单独设立的建筑部件。雨篷划分为有柱雨篷(包括独立柱雨篷、多柱雨篷、柱墙混合支撑雨篷、墙支撑雨篷)和无柱雨篷(悬挑雨篷)。如凸出建筑物,且不单独设立顶盖,利用上层结构板(如楼板、阳台底板)进行遮挡,则不视为雨篷,不计算建筑面积。对于无柱雨篷,当顶盖高度达到或超过两个楼层时,也不视为雨篷,不计算建筑面积
12	门廊	建筑入口前有顶棚的半围合空间,即在建筑物的入口,无门、三面或二面有墙,上部有结构楼板(或借用上部楼板)围护的部位
13	变形缝	在建筑物因温差、不均匀沉降以及地震可能引起结构破坏变形的敏感部位或其他必要的部位,预先设缝将建筑物断开,来适应变形的需要。根据外界破坏因素的不同,分为伸缩缝、沉降缝、抗震缝三种
14	骑楼	建筑底层沿街面后退且留出公共人行空间的建筑物,即沿街二层以上用承重柱支承柱支撑骑跨在公共人行空间之上,其底层沿街面后退的建筑物
15	过街楼	当有道路在建筑群穿过时为保证建筑物之间的功能联,设置跨越道路上空使两边建筑相连接的建筑物
16	露台	设置在屋面、首层地面或雨篷上的供人室外活动的有围护设施的平台,且其上层为同体量阳台,则该平台应视为阳台,按阳台的规则计算建筑面积
17	勒脚	在房屋外墙接近地面部位设置的饰面保护构造

7.3.2 建筑面积计算规则

（1）建筑物的建筑面积应按自然层外墙结构外围水平面积之和计算。结构层高在 2.2 m 及以上的，应计算全面积；结构层高在 2.2 m 以下的，应计算 1/2 面积。

（2）建筑物内设有局部楼层时，对于局部楼层的二层及以上楼层，有围护结构的应按其围护结构外围水平面积计算，无围护结构的应按其结构底板水平面积计算，且结构层高在 2.2 m 及以上的，应计算全面积，结构层高在 2.2 m 以下的，应计算 1/2 面积。建筑物内的局部楼层如图 7-1 所示。

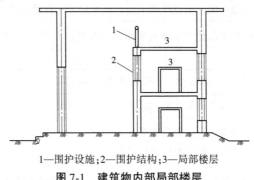

1—围护设施；2—围护结构；3—局部楼层

图 7-1　建筑物内部局部楼层

（3）形成建筑空间的坡屋顶，结构净高在 2.1 m 及以上的部位应计算全面积；结构净高在 1.2 m 及以上至 2.1 m 以下的部位应计算 1/2 面积；结构净高在 1.2 m 以下的部位不应计算建筑面积。

（4）场馆看台下的建筑空间，结构净高在 2.1 m 及以上的部位应计算全面积；结构净高在 1.2 m 及以上至 2.1 m 以下的部位应计算 1/2 面积；结构净高在 1.2 m 以下的部位不应计算建筑面积。室内单独设置的有围护结构设施的悬挑看台，应按看台结构底板水平投影面积计算。有顶盖无围护结构的场馆看台应按其顶盖水平投影面积的 1/2 计算面积。

（5）地下室、半地下室应按其结构外围水平面积计算。结构层高在 2.2 m 及以上的，应计算全面积；结构层高在 2.2 m 以下的，应计算 1/2 面积。

（6）出入口外墙外侧坡道有顶盖的部位应按其外墙结构外围水平面积的 1/2 计算面积。出入口坡道分有顶盖出入口坡道和无顶盖出入口坡道，出入口坡道顶盖的挑出长度，为顶盖结构外边线至外墙结构外边线的长度；顶盖以设计图纸为准，对后增加及建设单位自行增加的顶盖等，不计算建筑面积，顶盖不分材料种类（如钢筋混凝土顶盖、彩钢板顶盖、阳光板顶盖等）。地下室出入口如图 7-2 所示。

（7）建筑物架空层及坡地建筑物吊脚架空层，应按其顶板水平投影计算建筑面积。结构层高在 2.20 m 及以上的，应计算全面积；结构层高在 2.20 m 以下的，应计算 1/2 面积。

该条规定既适用于建筑物吊脚架空层、深基础架空层建筑面积的计算，也适用于目前部分住宅、学校教学楼等工程在底层架空或在二楼及以上某个甚至多个楼层架空，作为公共活动、停车、绿化等空间的建筑面积的计算。架空层中有围护结构的建筑空间按相关规定计算。建筑物吊脚架空层如图 7-3 所示。

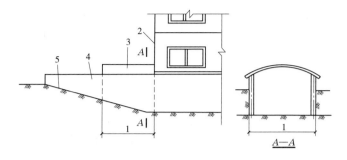

1—计算 1/2 投影面积部位;2—主体建筑;3—出入口顶盖;4—封闭出入口侧墙;5—出入口坡道

图 7-2　地下室出入口

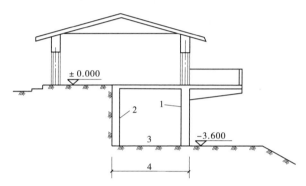

1—柱;2—墙;3—吊脚架空层;4—计算建筑面积部位

图 7-3　建筑物吊脚架空层

(8)建筑物的门厅、大厅应按一层计算建筑面积,门厅、大厅内设置的走廊应按走廊结构底板水平投影面积计算建筑面积。结构层高在 2.20 m 及以上的,应计算全面积;结构层高在 2.20 m 以下的,应计算 1/2 面积。

(9)对于建筑物间的架空走廊,有顶盖和围护设施的,应按其围护结构外围水平面积计算全面积;无围护结构、有围护设施的,应按其结构底板水平投影面积计算 1/2 面积。

有围护结构的架空走廊如图 7-4 所示。

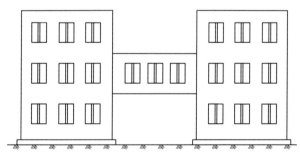

图 7-4　有围护结构的架空走廊

(10)对于立体书库、立体仓库、立体车库,有围护结构的,应按其围护结构外围水平面积计算建筑面积;无围护结构、有围护设施的,应按其结构底板水平投影面积计算建筑面积。无结构层的应按一层计算,有结构层的应按其结构层面积分别计算。结构层高在

2.2 m 及以上的,应计算全面积;结构层高在 2.2 m 以下的,应计算 1/2 面积。起局部分隔、存储等作用的书架层、货架层或可升降的立体钢结构停车层均不属于结构层,故该部分分层不计算建筑面积。

（11）有围护结构的舞台灯光控制室,应按其围护结构外围水平面积计算。结构层高在 2.2 m 及以上的,应计算全面积;结构层高在 2.2 m 以下的,应计算 1/2 面积。

（12）附属在建筑物外墙的落地橱窗,应按其围护结构外围水平面积计算。结构层高在 2.2 m 及以上的,应计算全面积;结构层高在 2.2 m 以下的,应计算 1/2 面积。

（13）窗台与室内楼地面高差在 0.45 m 以下且结构净高在 2.1 m 及以上的凸(飘)窗应按其围护结构外围水平面积计算 1/2 面积。

（14）有围护设施的室外走廊(挑廊),应按其结构底板水平投影面积计算 1/2 面积;有围护设施(或柱)的檐廊,应按其围护设施(或柱)外围水平面积计算 1/2 面积。檐廊如图 7-5 所示。

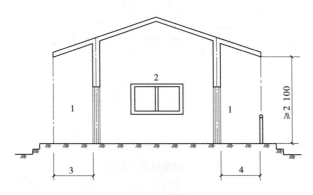

1—檐廊;2—室内;3—不计算建筑面积的部位;
4—计算建筑面积的部位

图 7-5　檐廊

（15）门斗应按其围护结构外围水平面积计算建筑面积,且结构层高在 2.20 m 及以上的,应计算全面积;结构层高在 2.20 m 以下的,应计算 1/2 面积。

（16）门廊应按其顶板的水平投影面积的 1/2 计算建筑面积;有柱雨篷应按其结构板水平投影面积的 1/2 计算建筑面积;无柱雨篷的结构外边线至外墙结构外边线的宽度在 1.1 m 及以上的,应按雨篷结构板的水平投影面积的 1/2 计算建筑面积。

雨篷分为有柱雨篷和无柱雨篷。有柱雨篷,没有出挑宽度的限制,也不受跨越层数的限制,均计算建筑面积。无柱雨篷,其结构板不能跨层,并受出挑宽度的限制,设计出挑宽度大于或等于 2.1 m 时才计算建筑面积。出挑宽度是指雨篷结构外边线至外墙结构外边线的宽度,弧形或异形时,取最大宽度。

（17）设在建筑物顶部的、有围护结构的楼梯间、水箱间、电梯机房等,结构层高在 2.2 m 及以上的应计算全面积;结构层高在 2.2 m 以下的,应计算 1/2 面积。

（18）围护结构不垂直于水平面的楼层,应按其底板面的外墙外围水平面积计算。结构净高在 2.1 m 及以上的部位,应计算全面积;结构净高在 1.2 m 及以上至 2.1 m 以下的部位,应计算 1/2 面积;结构净高在 1.2 m 以下的部位,不应计算建筑面积。斜围护结构如图 7-6 所示。

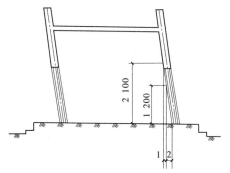

1—计算 1/2 建筑面积部位;2—不计算建筑面积部位

图 7-6　斜围护结构

（19）建筑物的室内楼梯、电梯井、提物井、管道井、通风排气竖井、烟道,应并入建筑物的自然层计算建筑面积,结构净高在 2.2 m 以下的,应计算 1/2 面积。

（20）室外楼梯应并入所依附建筑物自然层,并应按其水平投影面积的 1/2 计算建筑面积。室外楼梯作为连接该建筑物层与层之间交通不可缺少的基本部件,无论从其功能还是工程计价的要求来说,均需计算建筑面积。层数为室外楼梯所依附的楼层数,即梯段部分投影到建筑物范围的层数。利用室外楼梯下部的建筑空间不得重复计算建筑面积;利用地势砌筑的为室外踏步,不计算建筑面积。

（21）在主体结构内的阳台,应按其结构外围水平面积计算全面积;在主体结构外的阳台,应按其结构底板水平投影面积计算 1/2 面积。

（22）有顶盖无围护结构的车棚、货棚、站台、加油站、收费站等,应按其顶盖水平投影面积的 1/2 计算建筑面积。

（23）以幕墙作为围护结构的建筑物,应按幕墙外边线计算建筑面积。

顶盖的采光井包括建筑物中的采光井和地下室采光井。地下室采光井如图 7-7 所示。

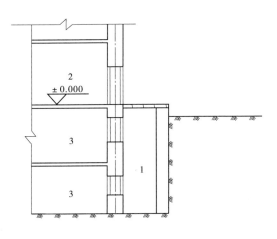

1—采光井;2—室内;3—地下室

图 7-7　地下室采光

幕墙以其在建筑物中所起的作用和功能来区分,直接作为外墙起围护作用的幕墙,按其外边线计算建筑面积;设置在建筑物墙体外起装饰作用的幕墙,不计算建筑面积。

(24)建筑物的外墙外保温层,应按其保温材料的水平截面积计算,并计入自然层建筑面积。建筑物外墙外侧有保温隔热层的,保温隔热层以保温材料的净厚度乘以外墙结构外边线长度按建筑物的自然层计算建筑面积,其外墙外边线长度不扣除门窗和建筑物外已计算建筑面积构件(如阳台、室外走廊、门斗、落地橱窗等部件)所占长度。当建筑物外已计算建筑面积的构件(如阳台、室外走廊、门斗、落地橱窗等部件)有保温隔热层时,其保温隔热层也不再计算建筑面积。外墙是斜面者按楼面楼板处的外墙外边线长度乘以保温材料的净厚度计算。外墙外保温以沿高度方向满铺为准,某层外墙外保温铺设高度未达到全部高度时,包括阳台、室外走廊、门斗、落地橱窗、雨篷、飘窗等不计算建筑面积。保温隔热层的建筑面积是以保温隔热材料的厚度来计算的,不包含抹灰层、防潮层、保护层(墙)的厚度。建筑外墙外保温如图7-8所示。

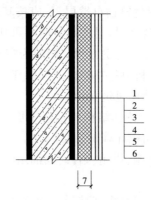

1—墙体;2—黏结胶浆;3—保温材料;4—防水;
5—加强网;6—面层;7—计算面积的部位

图7-8　建筑外墙外保温

(25)与室内相通的变形缝,应按其自然层合并在建筑物建筑面积内计算。对于高低联跨的建筑物,当高低跨内部连通时,其变形缝应计算在低跨面积内。

(26)对于建筑物内的设备层、管道层、避难层等有结构层的楼层,结构层高在2.20 m及以上的应计算全面积,结构层高在2.20 m以下的应计算1/2面积。

7.3.3　不计算建筑面积的规定

下列项目不应计算建筑面积:

(1)与建筑物内不相连通的建筑部件,指的是依附于建筑物外墙外不与户室开门连通,起装饰作用的敞开式挑台(廊)、平台,以及不与阳台相通的空调室外机搁板(箱)等设备平台部件。

(2)骑楼、过街楼底层的开放公共空间和建筑物通道。骑楼如图7-9所示,过街楼如图7-10所示。

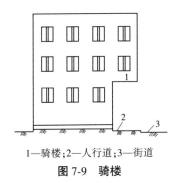

1—骑楼；2—人行道；3—街道

图 7-9 骑楼

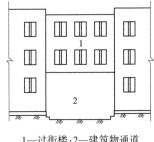

1—过街楼；2—建筑物通道

图 7-10 过街楼

（3）舞台及后台悬挂幕布和布景的天桥、挑台等，指的是影剧院的舞台及为舞台服务的可供上人维修、悬挂幕布、布置灯光及布景等搭设的天桥和挑台等构件设施。

（4）露台、露天游泳池、花架、屋顶的水箱及装饰性结构构件。

（5）建筑物内不构成结构层的操作平台、上料平台包括：工业厂房、搅拌站和料仓等建筑中的设备操作控制平台、上料平台等、安装箱和罐体的平台。其主要作用为室内构筑物或设备服务的独立上人设施，因此不计算建筑面积。

（6）勒脚、附墙柱、垛、台阶、墙面抹灰、装饰面、镶贴块料面层、装饰性幕墙，主体结构外的空调室外机搁板（箱）、构件、配件，挑出宽度在 2.1 m 以下的无柱雨篷和顶盖高度达到或超过两个楼层的无柱雨篷。附墙柱是指非结构性装饰柱。

（7）窗台与室内地面高差在 0.45 m 以下且结构净高在 2.1 m 以下的凸（飘）窗，窗台与室内地面高差在 0.45 m 及以上的凸（飘）窗。

（8）室外爬梯、室外专用消防钢楼梯。

（9）无围护结构的观光电梯。

（10）建筑物以外的地下人防通道，独立的烟囱、烟道、地沟、油（水）罐、气柜、水塔、储油（水）池、储仓、栈桥等构筑物。

7.4 实 例

【例 7-1】 根据建筑面积计算规范，计算书后附录的建筑面积。

地下室 $S_1 = (5.5+0.2×2)×(3.3×4+0.15×2) = 79.65(m^2)$

地上一层：$7.62×(3.3×4+0.15×2) = 102.87(m^2)$

标准层：$102.87×3 = 308.61(m^2)$

合计：$308.61+102.87+79.65 = 491.13(m^2)$

【例 7-2】 根据附录，列出单价类措施项目清单，并按规定对单价类措施项目计价。

解：根据措施项目列项清单分为单价类措施清单，即可用分部分项表示的清单，有脚手架、垂直运输及大型项目进出场费用，见表 7-5。

表 7-5　单价类措施工程量清单

工程名称：　　　　　　　　　　标段：　　　　　　　　　　　第 1 页

项目编码	项目名称	项目特征描述	计量单位	工程量	金额		
					综合单价	合价	暂估价
011701001001	综合脚手架	多层框架，檐高 20 m 以内	m²	491.3			
011703001001	垂直运输	塔吊机械 20 m 以内	m²	491.13			
011705001001	大型机械设备进出场及安拆	塔吊进场	台·次	1			

其中综合脚手架与垂直运输机械直接使用定额子目为 17-9、17-79(一类地区)，综合单价为 60.04 元/m²，29.8 元/m²。大型进出场安拆的费用由三项组成，基础费用、安拆费、进出场费用。综合单价见表 7-6。单价类措施工程量清单见表 7-7。

表 7-6　塔吊进出场安拆综合单价分析表

工程名称：　　　　　　　　　　标段：　　　　　　　　　　　第 1 页

项目编码	011705001001				项目名称	塔吊进出场安拆		计量单位	台·次	工程量	1

清单综合单价组成明细

定额编号	定额项目名称	定额单位	数量	单价				合价			
				人工费	材料费	机械费	管理费和利润	人工费	材料费	机械费	管理费和利润
17-113	塔式起重机固定式基础	座	1	1 965.3	3 788.67	77.92	732.87	1 965.3	3 788.67	77.92	732.87
17-116	自升式塔式起重机安拆费	台次	1	15 195.6	337.6	12 581.79	6 548.43	15 195.6	337.6	12 581.79	6 548.43
17-147	进出场费自升式塔式起重机	台次	1	3 671.6	117.47	21 683.35	3 436.77	3 671.6	117.47	21 683.35	3 436.77
人工单价		小计						20 832.5	4 243.74	34 343.06	10 718.07
高级技工 201 元/工日，普工 87.1 元/工日		未计价材料费									
清单项目综合单价								70 137.37			

· 144 ·

表 7-7 单价类措施工程量清单

工程名称：　　　　　　　　　标段：　　　　　　　　第 1 页

项目编码	项目名称	项目特征描述	计量单位	工程量	金额		
					综合单价	合价	暂估价
011701001001	综合脚手架	多层框架， 檐高 20 m 以内	m²	491.3	60.04	29 497.65	
011703001001	垂直运输	塔吊机械 20 m 以内	m²	491.13	29.8	14 635.67	
011705001001	大型机械 设备进出 场及安拆	塔吊进场	台·次	1	70 137.37	70 137.37	

习　题

1.计算附录中二次搬运费的价格。

2.编制附录中单价措施的工程量清单，并计价。

附录1 施工图

门窗表

名称	本图编号	洞口尺寸(宽X高)	樘数	选用图集及代号	备注
门	M-1	3000X3000	1	13J602-3	不锈钢卷帘门
	M-2	1800X3000	1		夹心钢制防盗门,厂家订制
	M-3	900X2100	13	04J601-1东6型(PPM03)	木制成品门
窗	C-1	1800X1500	13	参照03J603-2第135页10~1.08	铝合金塑钢窗
	C-2	3000X1500	2	03J603-2第135页10~1.08	当窗台高度<(离地0.9m)高于窗台令)
	C-3	1800X1200	4	03J603-2第135页15~2.0	铝合金塑钢窗

图纸目录

序号	图别	图号	图纸内容	张数
1	建施	J-01	图纸目录 设计说明 门窗表 技术体系	1
2	建施	J-02	地下平面布置图 一层平面布置图	1
3	建施	J-03	标准层平面布置图 总屋顶平面布置图	1
4	建施	J-04	1~2轴立面图 2~1轴立面图	1
5	建施	J-05	E~A轴立面图 A~E轴立面图	1
6	建施	J-06	酶柱 干枯面 酶梯剖面反映梯步详图	1
7	建施	J-07	墙身节点大样 平台栏杆线脚	1
8	建施	J-08	酶大 楼梯 5节点 大人样 管道详图	1
9	建施	J-09	3~3剖图	1
10	结施	G-01	地下主楼布置图 桩基酶图	1
11	结施	G-02	0.270m布置工程 0.150现浇主图	1
12	结施	G-03	3.570~6.570~9.570m布置施工图	1
13	结施	G-04	12.570m布 楼板大图	1
14	结施	G-05	酶样详图	1

设计说明

1. 本图为某镇临南办公楼施工图。地下一层为仓库,地上四层,地下一层、底层为商店,上部办公室。建筑轴线尺寸为7.3mx13.2m,采用砖混凝土框架结构,占地面积为103m²,总建筑面积为492m²。
2. 本设计图中,除标高以m为单位外,其余尺寸均以mm计。图中标高为建筑标高,图中相对标高对应的绝对标高另见总图。
3. 建筑室内外高差600mm,建筑高度12.900m,除底层层高为3.300m外,其余各层均为3.000m。
4. 场地地形别川录,土填表别川录。抗震等级四级。
5. 墙体:墙身厚度除窗中注明者外均为240mm,标高0.300m以下砖采用MU15烧结普通砖,采用M7.5水泥砂浆;标高0.300m以上砖采用MU10烧结普通砖,采用M5.0混合砂浆。
6. 本建筑标高0.270楼层采用现浇混凝土板,其余各楼层均采用现浇钢筋混凝土楼板。
7. 本图中梁(QL)、构造柱(GZ)、过梁(GL)及压顶混凝土强度等级采用C20,其余未特殊注明时的构件混凝土强度等级均为C25。
8. 梁、板、柱受力钢筋采用HRB400(Φ)或HRB400(Φ),箍筋采用HPB300(Φ)或HRB400(Φ),箍筋可采用Φ6@250。
9. 未注明的板分布筋采用Φ6@250。
10. 本工程基础采用钢筋混凝土条形基础,基础下设100厚C10细石混凝土垫层,每边复出基础的尺寸不小于100mm。
11. 钢混凝土保护层厚度:基础砖分40mm,梁20mm,柱子25mm,板15mm。过梁(GL)15mm,构造柱(GZ)20mm。
12. 墙柱拉结:钢筋混凝土构造柱,沿高度每隔500mm设置Φ6拉结筋与酶身拉结,拉结筋每边伸入墙内长度不大于500mm。
13. 女儿墙高度900mm,做法选用国标图集06SG614第28页第2节点(含压顶做法),具体做法选用国标图集06SG614-1第30页第1节点。
14. 窗口采用钢筋混凝土地框。

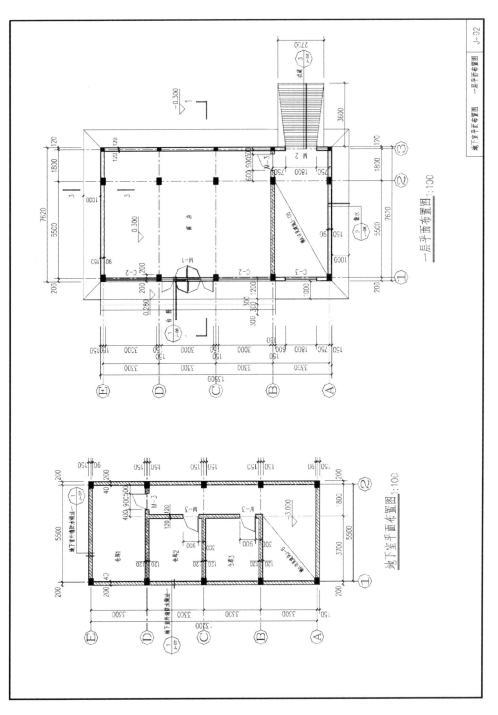

附图 1-2

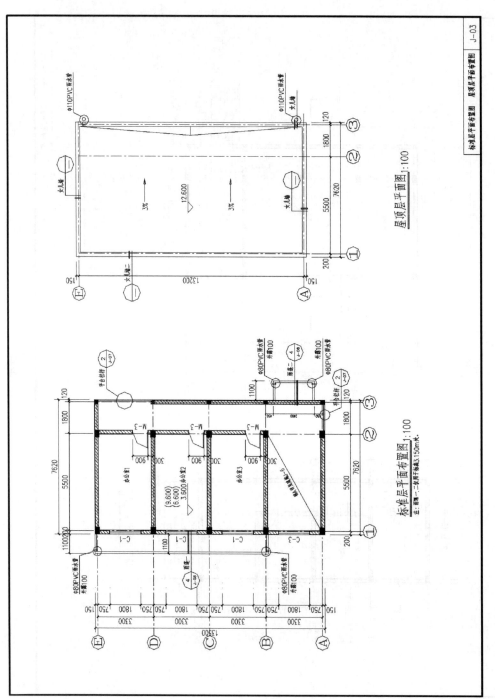

屋顶层平面图 1:100

标准层平面布置图 1:100
注：首层→二级排手标高3.150m水。

附图 1-3

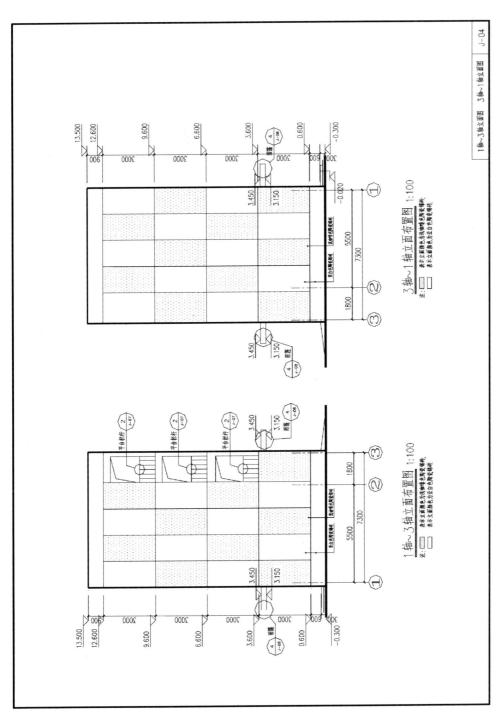

1轴~3轴立面布置图 1:100

注：□ 表示立面颜色为浅咖啡色陶瓷锦砖，
□ 表示立面颜色为白色陶瓷锦砖

3轴~1轴立面布置图 1:100

注：□ 表示立面颜色为浅咖啡色陶瓷锦砖，
□ 表示立面颜色为白色陶瓷锦砖

附图 1-4

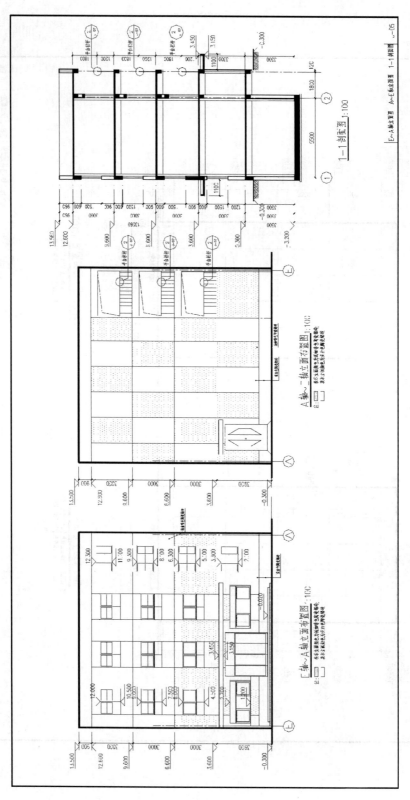

附图 1-5

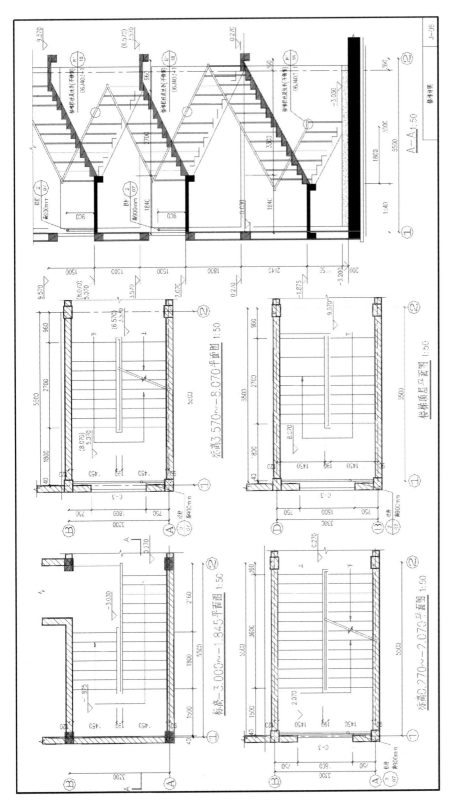

附图 1-6

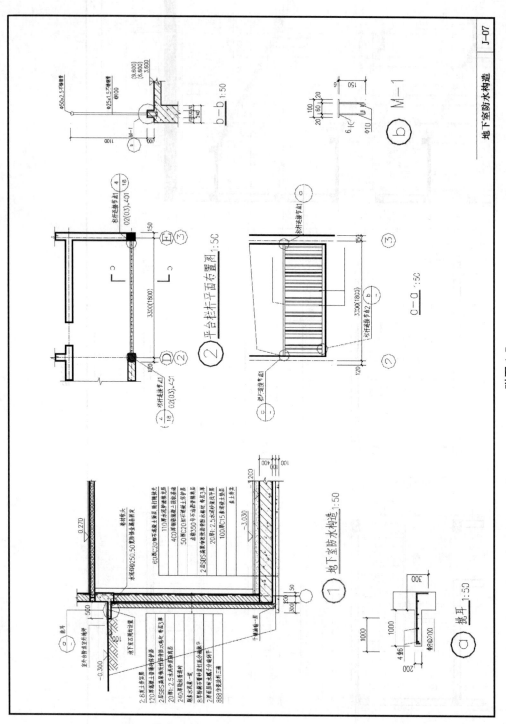

地下室防水构造

b—b 1:50

M-1

② 平台栏杆平面布置图 1:50

C—C 1:50

① 地下室防水构造 1:50

ⓐ 挑耳 1:50

附图 1-7

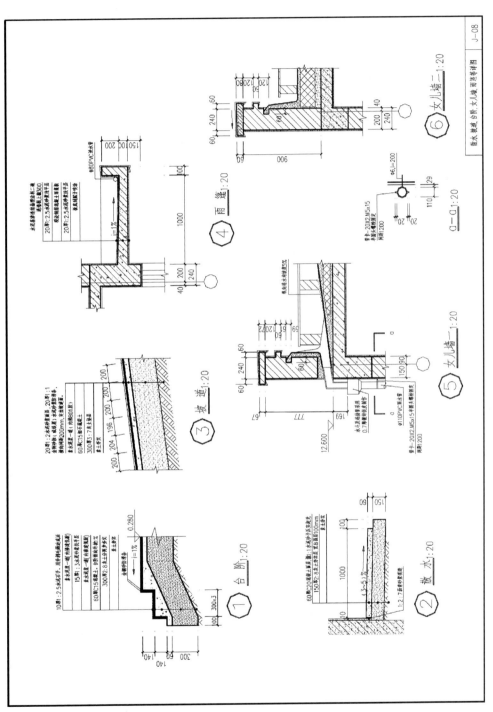

附图 1-8

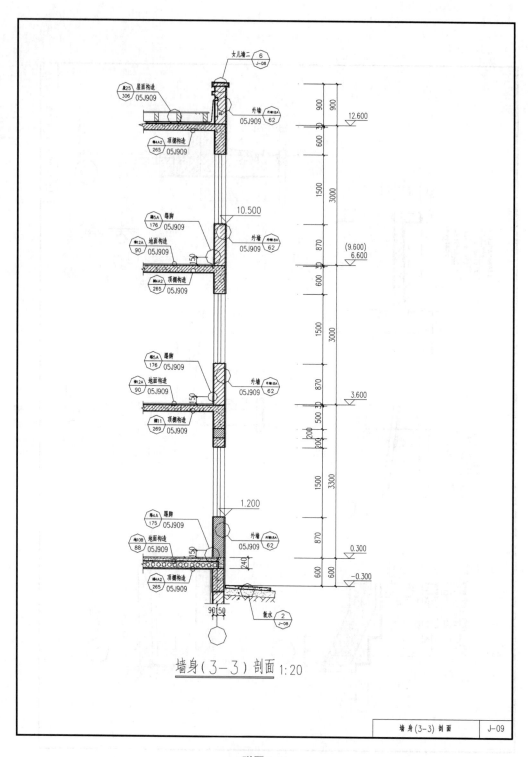

墙身(3-3) 剖面 1:20

墙 身 (3-3) 剖 面   J-09

附图 1-9

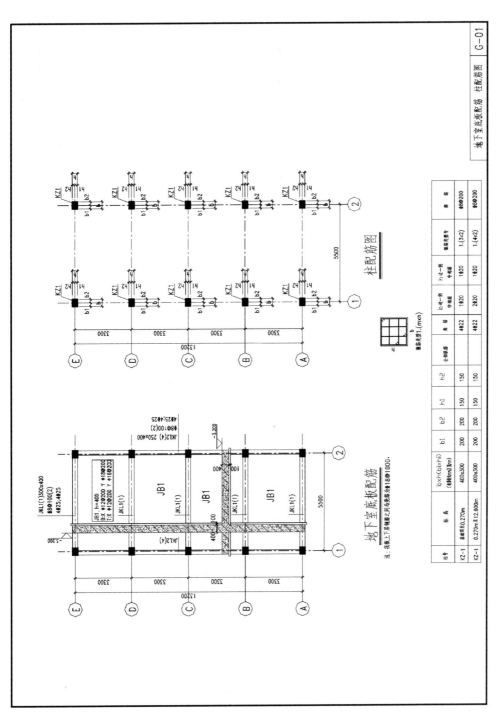

附图 1-10

· 155 ·

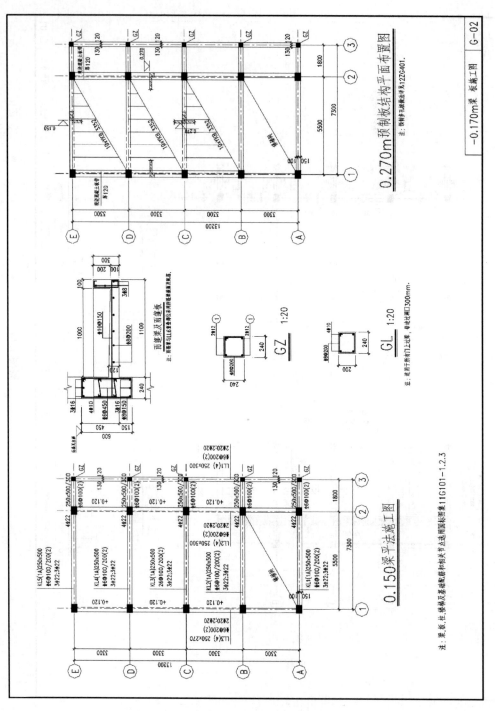

附图 1-11

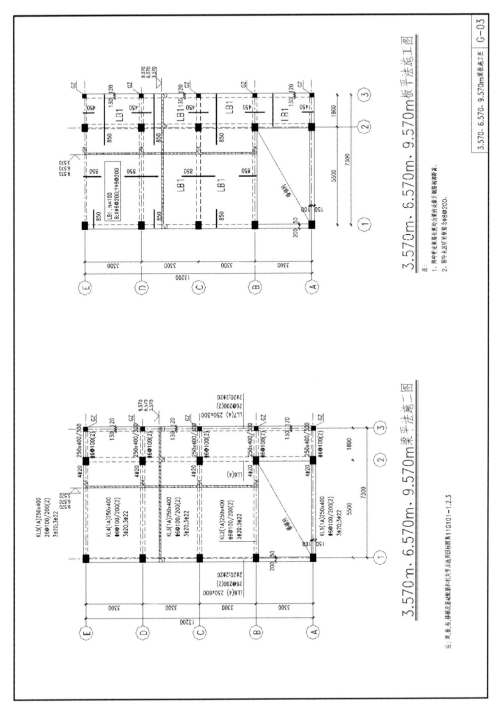

3.570m、6.570m、9.570m板平法施工图

3.570m、6.570m、9.570m梁平法施工图

注:
1. 图中未注明长度均为1番钢过素字筋端构端筋置率。
2. 图中未注明支座钢筋均为8@200。

G-03

3.570、6.570、9.570m梁表面图

注:柱、梁、板、楼梯及基础整筋未详尺寸及选用详见图集11G101-1.2.3

附图 1-12

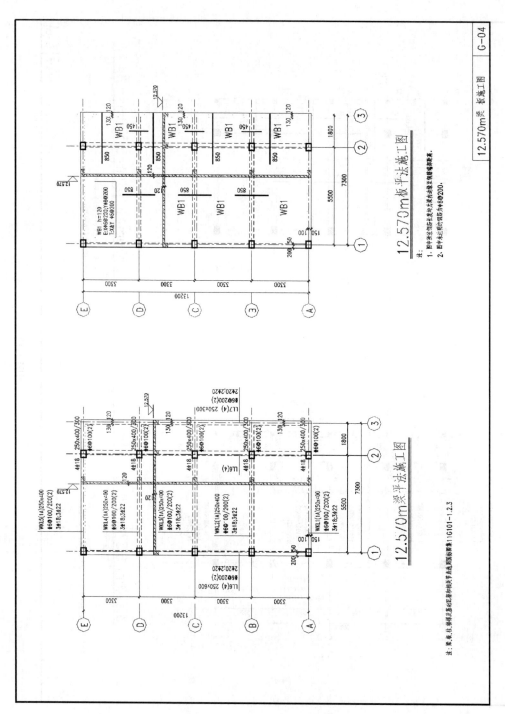

12.570m梁 板施工图

12.570m板平法施工图

注:
1. 图中未注明板长度均为板由相邻支座构造腿配筋。
2. 图中未注明的间间距为6@200。

12.570m梁平法施工图

注:集中、吊筋束系梁出及底和宽支座和宽节点各无,图则标第集11G101-1.2.3

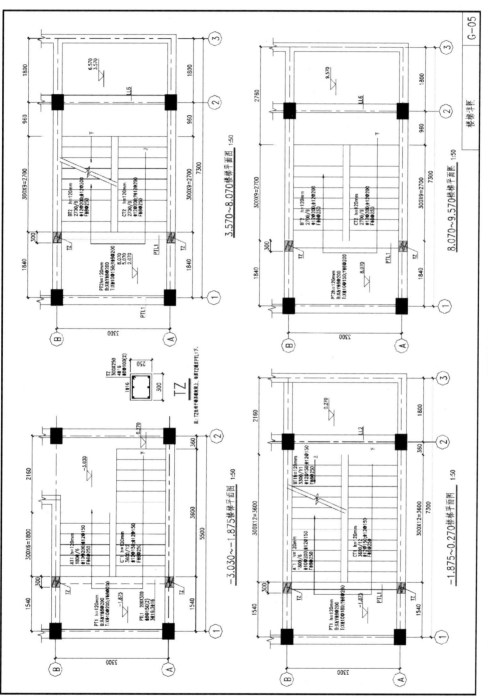

附图 1-14

部位	做法
有保温不上人屋面	(1)495×495×35 C20 预制钢筋混凝土架空板 (2)115×115×200,混合砂浆砌筑多孔砖砖墩,间隔 500 (3)SBS 屋面卷材防水,热熔法双层 (4)20 厚 1∶3 水泥砂浆找平层 (5)最薄 30 厚轻骨料混凝土 3% 找坡(水泥炉渣)
地下室内墙面	(1)888 防瓷涂料 (2)厚面层刷水腻子 (3)厚混合砂浆 (4)刷素水泥浆
地面一层	(1)600×600 地板砖 (2)20 厚 1∶3 干硬性水泥砂浆结合,表面撒水泥粉或 DS M20 (3)60 厚 C15 混凝土垫层 (4)150 厚碎石夯入土中 (由上至下)
标准层楼面(由上至下)	(1)600×600 地板砖 (2)20 厚 1∶3 干硬性水泥砂浆结合 (3)表面撒水泥粉 (4)钢筋混凝土板
陶瓷面砖外墙面	(1)1∶1 白水泥砂浆勾缝 (2)9~10 厚外墙面砖 (3)12 厚 1∶2 水泥砂浆打底
踢脚线	水泥砂浆踢脚线: (1)2 厚水泥砂浆面层抹光 (2)10 厚水泥砂浆打底 地砖踢脚 (1)水泥地砖踢脚、白水泥擦缝 (2)13 厚水泥砂浆打底
地下室地面	(1)60 厚 C20 细石混凝土地面面层 (2)水泥炉渣保温 (3)50 厚 C20 细石混凝土保护层 (4)石油沥清隔离层 (5)100 厚 1∶2.5 水泥砂浆找平层 (6)素土夯实
地下室天棚	(1)888 防瓷涂料 (2)厚面层刷水腻子 (3)厚混合砂浆 (4)刷素水泥浆

部位	做法
墙面 标准层	(1)三遍乳胶漆 (2)局部刮腻子、磨平 (3)清理基层. (4)5 厚 1：2 水泥砂浆找平 (5)9 厚 1：3 水泥砂浆打底 (由外至内)
商店天棚	(1)吸间矿棉吸间板 300×300 (2)平面轻钢龙骨（由外至内）
楼梯面层	(1)600×600 地板砖 (2)20 厚 1：3 干硬性水泥砂浆结合,表面撒水泥粉
外墙	(1)1：1 白水泥砂浆勾缝 (2)9~10 厚外墙面砖 (3)12 厚 1：2 水泥砂浆打底

附录3 工程量计算表

序号	分项工程名称	清单/定额子目	工程量计算过程	计算结果	部位说明
一、土方工程					
1.1	平整场地	010101001001 / 1-123	7.62×13.5	102.87 m²	首层平面图
1.2	挖土方	010101004002 / 1-58	$(8.5+0.75×3.5)×(16.1+0.75×3.5)×3.5+\dfrac{0.75^2×3.5^3}{3}$ 长a:5.5+0.2×2+0.3×2+1×2=8.5 宽b:3.3×4+0.15×2+0.3×2+1×2=16.1 高h:-0.3-(-3.2-0.4-0.1-0.1)=3.5	737.14 m³	见J-05地下室剖面图与G-01中,工作面按增加1 000 mm计算,k=0.75
1.3	原土打夯	010101004001 / 1-128	(5.5+0.2×2+0.3×2)×(3.3×4+0.15×2+0.3×2)	91.65 m²	J-02地下室平面图,J-07地下室防水构造
1.4	填土方	010103001001 / 1-131	737.14-296	441.14 m³	清单与定额均考虑放坡,工作面
1.5	余土外运	010103002001 / (1-63)+2×(1-64)	(3.3×4+0.15×2+0.3×2+0.12×2)×(5.5+0.2×2+0.3×2+0.12×2)×[-0.3-(-3.2-0.4-0.1)]+(91.65×0.1)	296.00 m³	挖土方体积
二、砌筑工程			地下室实心砖墙(m³),见J-02地下室平面布置图		
2.1	外墙	010401003001 / 4-10	(5.5-0.2×2)×0.24×[0.15-0.5-(-3.2)]	3.49 m³	A轴交①—②轴
	外墙	010401003001 / 4-10	(5.5-0.2×2)×0.24×[0.15-0.5-(-3.2)]	3.49 m³	E轴交①—②轴

附录 3 续表

序号	分项工程名称	清单/定额子目	工程量计算过程	计算结果	部位说明
	外墙	010401003001 / 4-10	(3.3-0.15×2)×0.24×[0.15-0.27-(-3.2)]	2.22 m³	①轴交 A—⑧轴
	外墙	010401003001 / 4-10	3×(3.3-0.15×2)×0.24×[0.27-0.27-(-3.2)]	6.91 m³	①轴交⑧—Ⓔ轴
	外墙	010401003001 / 4-10	(3.3-0.15×2)×0.24×[0.15-0.27-(-3.2)]	2.22 m³	②轴交Ⓐ—⑧轴
	外墙	010401003001 / 4-10	3×(3.3-0.15×2)×0.24×[0.27-0.27-(-3.2)]	6.91 m³	②轴⑧—Ⓔ轴
2.1	内墙	010401003001 / 4-10	净长线:$L=(3.7-0.2)×3+3.3×2+(0.4+0.9+0.5-0.2)=18.7$(m) $V_总=18.7×0.24×[0.27-(-3.2)]=15.573$(m³) $V_门=0.9×2.1×0.24×3=1.361$(m³) $V_过梁=(0.9+0.25×2)×0.18×0.24×3=0.181$(m³) 小计:$V_内=15.573-1.361-0.181=14.031$(m³)	14.03 m³	B、Ⓒ、Ⓓ轴交中间轴
	保护墙	010401003001 / 4-10	[((5.5+0.2×2+0.12×2)×2+(3.3×4+0.15×2)×2]×0.12×[-0.3-0.1-(-3.7)]	15.55 m³	J-07 地下室防水构造
			小计	54.82 m³	
2.2	外墙	010401003001 / 4-10	一层实心砖墙(m³),见 J-02 一层平面布置图,计量单位 m³ (5.5+1.8-0.2-0.4-0.12)×0.24×(3.57-0.15-0.4)	4.77 m³	Ⓐ轴①—③轴
	内墙	010401003001 / 4-10	(5.5+1.8-0.2-0.4-0.12)×0.24×(3.57-0.15-0.4)-0.9×0.24×(0.9+0.3+0.15)(GL) 2.1(M3)-0.2×0.24×(3.57-0.15-0.4)	4.25 m³	⑧轴①—③轴

附录 3 续表

序号	分项工程名称	清单/定额子目	工程量计算过程	计算结果	部位说明
	外墙	010401003001	$(5.5+1.8-0.2-0.4-0.12)\times0.24\times(3.57-0.15-0.4)$	4.77 m³	Ⓔ轴①—③轴
		4-10			
	外墙	010401003001	$(3.3-0.15\times2)\times0.24\times(3.57-0.15-0.6)-1.8\times0.9\times0.24(\text{C3})$	1.64 m³	①轴Ⓐ—Ⓑ轴
		4-10			
2.2	外墙	010401003001	$(3.3\times3-0.15\times2-0.3\times2)\times0.24\times(3.57-0.27-0.6)-3\times1.5\times0.24\times2(\text{C2})-3\times2.7\times0.24(\text{M1})$	1.73 m³	①轴Ⓑ—Ⓔ轴
		4-10			
	内墙	010401003001	$(3.3-0.09-0.12)\times0.24\times(3.57-0.15-0.6)-1.8\times2.7\times0.24(\text{M2})$	0.92 m³	③轴交Ⓐ—Ⓑ轴
		4-10			
	外墙	010401003001	$(3.3\times3-0.09-0.12-0.24\times2)\times0.24\times(3.57-0.15-0.3)$	6.90 m³	③轴交Ⓑ—Ⓔ轴
		4-10			
			小计	24.98 m³	
			标准层×3(m³),见 J-03 标准层平面布置图,计量单位 m³		
	外墙	010401003001	$5.5-0.2\times2)\times0.24\times(6.57-3.57-0.4)$	3.18 m³	Ⓐ轴交①—②轴
		4-10			
	内墙	010401003001	$5.5-0.2\times2)\times0.24\times(6.57-3.57-0.4)$	3.18 m³	Ⓑ轴交①—②轴
2.3		4-10			
	内墙	010401003001	$5.5-0.2\times2)\times0.24\times(6.57-3.57-0.4)$	3.18 m³	Ⓒ轴交①—②轴
		4-10			
	内墙	010401003001	$5.5-0.2\times2)\times0.24\times(6.57-3.57-0.4)$	3.18 m³	Ⓓ轴交①—②轴
		4-10			

附录 3 续表

序号	分项工程名称	清单/定额子目	工程量计算过程	计算结果	部位说明
	外墙	010401003001	5.5+1.8−0.2×2−0.2−0.12)×0.24×(6.57−3.57−0.4)	4.11 m³	Ⓔ轴交①—③轴
		4−10			
	外墙	010401003001	(3.3×4−0.15×2×4)×0.24×(6.57−3.57−0.6)−1.8×1.5×0.24×3 (C1)−1.8×0.9×0.24(C3)	4.58 m³	①轴交Ⓐ—Ⓔ轴
		4−10			
2.3	内墙	010401003001	(3.3×3−0.15×2×3)×0.24×(6.57−3.57−0.6)−0.9×2.1×0.24×3 (M)−0.2×0.24×(0.9+0.3+0.15)×3(GL)	3.63 m³	②轴交Ⓑ—Ⓔ轴
		4−10			
	外墙	010401003001	(3.3×3−0.12−0.09−0.24×2)×0.24×(6.57−3.57−0.3)	5.97 m³	③轴交Ⓐ—Ⓓ轴
		4−10			
	实心砖墙	010401003001	0.9×0.24×[(5.5+1.8+0.2+0.12)×2+(3.3×4+0.15×2)×2]	9.12 m³	女儿墙
		4−10			
			实心砖墙合计	181.95 m³	

三、混凝土及钢筋混凝土工程

3.1 满堂基础,G−01 地下室底板配筋图,J−02 地下室平面图(构件 m³,模板 m²)

序号	分项工程名称	清单/定额子目	工程量计算过程	计算结果	部位说明
3.1	基础混凝土垫层	010501001001	(5.5+0.2×2+0.3×2)×(3.3×4+0.15×2+0.3×2)×0.1	9.17 m³	可结合 J−07 地下室防水构造加强构件印象,除垫层外使有组合模板
		5−1	[((5.5+0.2×2+0.3×2)+(3.3×4+0.15×2+0.3×2)]×0.1×2	4.12 m²	
3.2	有梁式满堂基础	010501004001	(5.5+0.2×2)×(13.2+0.15×2)×0.4	31.86 m³	
		5−7	38.8×0.4	15.52 m²	
		5−198			

附录 3 续表

序号	分项工程名称	清单/定额子目	工程量计算过程	计算结果	部位说明
			3.2 柱,G-01 柱配筋图;G-02;G-03;G-04 相关图		
3.3	框架柱	01050200 1001	$0.3×0.4×[12.57-(-3.2)]×10$	18.92 m³	KZ1~KZ5 由于柱工程量直通到屋顶与其他层合并计算
		5-11			
		5-219	按软件算量	210.02 m²	
3.4	构造柱	01050200 2001	一层:$0.24×0.24×(3.57-0.15-0.4)+0.06/2×0.24×[(3.57-0.27-0.4)×3+(3.57-0.15-0.3)×8]=0.416\ 304$,标准层:$0.24×0.24×(6.57-3.57-0.4)×5+0.06/20.24×(6.57-0.3-3.57)×6$(马牙槎)$+0.06/2×0.24×(6.57-0.4-3.57)$(马牙槎)$=0.884\ 16$	3.07 m³	G-02;G-03;G-04 构造柱起于 LL1 顶面,但其高度由墙高决定,所以分层计算
		5-12			
		5-221	按软件算量	31.12 m²	
			3.3 梁,G-02;G-03;G-04 梁平法施工图 地下-1 层(框架梁与连续梁计入有梁板中)		
3.5	框架梁	01050300 1001	$(5.5+1.8-0.12-0.2-0.2×2)×0.25×0.5×5$	4.10 m³	0.15 梁平法 KL1
		5-17			
3.6	连续梁	01050300 1001	$(13.2-0.15×2-0.3×3)×0.25×0.3×2$	1.80 m³	G-02 0.15 梁平法施工图 LL1,LL2
		5-17			
3.7	连续梁	01050300 2001	$(13.2-0.15×2-0.3×3)×0.25×0.27$	0.81 m³	G-02 0.15 梁平法施工图 LL3
		5-17	标准层×4		
3.8	框架梁	01050300 1001	$(5.5-0.2×2+1.8-0.12-0.2-0.2)×0.25×0.4×5×4$ 因和板一起现浇按有梁板计子目	13.16 m³	KL1~KL5 二、三、四层 LL
		5-30			
3.9	连续梁	5-30	$(3.3-0.15×2)×0.25×0.6×8×3+(3.3-0.15×2)×0.25×0.3×4×3$	13.5 m³	G-03 ,LL6 G-03 ,LL7
3.10	圈梁	01050300 4001	$(3.3×4+1.8×2)×0.1×0.1$ 栏杆下上翻 过梁×0.12,仅地下室	0.288 m³	
		5-19			
3.11	有梁板之梁 模板总计	5-255	按算量软件结果计入	312.05 m²	

附录 3 续表

序号	分项工程名称	清单/定额子目	工程量计算过程	计算结果	部位说明
			3.4 有梁板(只计算纯板的体积套价时的合并计算)及其他		
3.12	有梁板的板体积	010505001001	二、三、四层:[(5.5-0.05×2)×(3.3-0.25)]×3+(1.8-0.2)×(13.2-1)×0.1×3=20.67	28.94 m³	G-02,03,04 板平法施工图
		5-30	屋面:[(5.5-0.05×2)×(3.3-0.25)×3+(1.8-0.2)×(13.2-0.25-4)]×0.12=8.27		
	有梁板模板	5-255	71.7×3(已将梁模板计入)	215.1 m²	
3.13	现浇板	010505003001	(0.96+0.05)×(3.3-0.25)×0.1×3	0.92 m³	楼梯间现浇板
		5-32			
	模板	5-259	按软件计	9.20 m²	
3.14	雨篷1	010505008001	(3.3×3+0.15×2)×1.1×0.1+[3.3×3+0.15×2+(1.1-0.1)×2]×0.1×0.2	1.37 m³	G-02 雨篷梁及雨篷板布置图
		4-42	0.1×0.2		
	模板	5-271	(3.3×3+0.15×2)×1.1+[3.3×3+0.15×2+(1.1-0.1)×2]×0.3	14.88 m²	标准层平面布置图
3.15	雨篷2	010505008001	2.4×1.1×0.1+[2.4+(1.1-0.1)×2]×0.1×0.2	0.35 m³	G-02 雨篷梁及雨篷板布置图
		4-42			
	模板	5-271	2.4×1.1+[2.4+(1.1-0.1)×2]×0.3	3.96 m²	标准层平面布置图
3.16	预制板间补空板	010512001001	3.3×3(5.5-0.52×10-0.05×2)×0.12	0.48 m³	G-02,0.27 m 预制板结构平面图布置图
		5-76			
	模板	5-259	0.48/0.12	4.00 m²	
3.17	现浇混凝土楼梯	010506001001	(5.5-0.04×2)×(3.3-0.09-0.12)-(2.16-0.04)×(3.3/2-0.095-0.12)	13.71 m²	G-05 楼梯详图地下室
		5-46			
	模板	5-279			

附录 3 续表

序号	分项工程名称	清单/定额子目	工程量计算过程	计算结果	部位说明
3.18	现浇混凝土楼梯	010506001001	(5.5−0.04×2)×(3.3−0.09−0.12)×3	50.24 m²	一、二、三层
		5−46			
		5−279			
3.19	现浇压顶	010507004001	$[(5.5+1.8+0.2\times2)\times2+(3.3\times4+0.15\times2)\times2]\times\frac{0.06+0.08}{2}$ ×(0.24+0.06×2)	1.068 m³	J−03 屋顶层平面图；J−08 女儿墙一，女儿墙二
		5−53			
	模板	5−289	[(5.5+1.8+0.2×2)×2+(3.3×4+0.15×2)×2]×(0.24+0.06×2+0.06+0.08)	20.35 m²	
3.20	现浇台阶	010507005001	(3.3×3+0.15×2)×(3.3×3+0.3)	104.04 m²	J−08 台阶；J−02 一层平面图 布置图
		5−50			
	模板	5−285			
3.21	预制空心板 运输 灌缝 安装	010512002001	3×10×0.12	3.60 m³	G−02,0.27 预制板运距小于 1 km
		5−76,5−352, 5−303			
3.22	钢筋	010515001	按软件计	24.5 t	
		5−89,5−91			

四、屋面及防水、保温工程，计量单位 m²

序号	分项工程名称	清单/定额子目	工程量计算过程	计算结果	部位说明
4.1	底板防水	010904001001	地下室：(5.5+0.2×2)×(3.3×4+0.15×2)×2+[(5.5+0.2×2)×2+ (3.3×4+0.15×2)×2]×0.25	89.35 m²	J−02 地下室平面图；J−07 地下室防水构造地下室
		2×(9−34)			
4.2	墙面防水	010903001001	(5.5+0.2×2)×(3.3×4+0.15×2)×2×[−0.3−0.1−(−3.2−0.4)]	124.16 m²	
		2×(9−35)			

附录3 续表

序号	分项工程名称	清单/定额子目	工程量计算过程	计算结果	部位说明
4.3	屋面防水	010902001001	(5.5+1.8−0.04−0.12)×(13.2−0.09×2)	92.96 m²	屋面防水加上翻250 mm泛水
		11−2 9−34,9−36	[(5.5+1.8−0.04−0.12)×(13.2−0.09)×2]+[(5.5+1.8−0.12−0.04)×2+(3.3×4−0.09×2)×2]×0.25	103.04 m²	
4.4	保温隔热屋面	011001001001 5−60,5−355	(5.5+1.8−0.04−0.12)×(13.2−0.09×2)×0.035	3.254 m³	35 mm厚架空隔热板,以m³计
		4−33	12×0.12×0.12×0.2	0.04 m³	
4.5	保温隔热屋面	011001001001 (10−11)+2×(10−12)	(5.5+1.8−0.04−0.12)×(13.2−0.09×2)	92.96 m²	最薄30 mm,平均按120 mm厚

五、门窗工程

序号	分项工程名称	清单/定额子目	工程量计算过程	计算结果	部位说明
5.1	木质门	010801001001	按施工图纸和说明	13樘	规格900×2100
		8−3	按施工图纸和说明	13樘	
5.2	防盗门	010802004001	按施工图纸和说明	1樘	规格1800×3000
		8−14	按施工图纸和说明	1樘	
5.3	弹簧门	010805005001	按施工图纸和说明	1樘	规格3000×3000
		8−58	按施工图纸和说明	1樘	
5.4	铝合金窗	010807001001	按施工图纸和说明	13樘	规格1800×1500
		8−62		35.1 m³	
		010807001002	按施工图纸和说明	4樘	规格1800×1200
		8−62		8.64 m³	
		010807001003	按施工图纸和说明	2樘	规格3000×1500
		8−62		9 m³	

附录 3 续表

序号	分项工程名称	清单/定额子目	工程量计算过程	计算结果	部位说明
			六、装饰装修工程		
			—1层地下室 m²		
6.1	细石混凝土地面	011101003001	仓库1:5.42×3.09+3.54×3.06 仓库3:3.54×3.06	65.13	仅指地下室地面包括仓库走廊、楼梯间
		(11-4)+30×(11-5)	走廊:(3.3×3-0.12-0.09)×(1.8-0.04-0.12)=15.89 楼梯间:3.54×3.06		
6.2	水泥砂浆内墙面	011201001001	仓库1:17.02×[0.15-(-3.03)]-0.9×2.1 仓库2:13.2×[0.15-(-3.03)]-0.9×2.1 仓库3:13.2×[0.15-(-3.03)]-0.9×2.1 走廊:[3.3×2-0.12+3.3×3-0.12-0.09+(1.8-0.12-0.04)×2+0.16×2×2]×3.35-0.9×2.1×3(M3) 楼梯间:10.41×[0.27-0.12-(-3.2)]	229.30	计价时砂浆厚度不同可调换 10
		12-1			
6.3	抹灰刷腻子顶棚	011301001001	仓库1:5.42×3.09 仓库3:3.54×3.06 走廊:(3.3×3-0.12-0.09)×(1.8-0.04-0.12)=15.89 楼梯间:3.54×3.06	65.13	
		13-1			
			一层室内装修 m²		
6.4	地砖地面	011102003001 11-31	(5.5-0.04+0.2)×(3.3×3-0.09-0.12)	54.85	商店楼面部分

附录 3 续表

序号	分项工程名称	清单/定额子目	工程量计算过程	计算结果	部位说明
6.5	地砖地面	01102003002	(1.8−0.2−0.12)×(3.3×3−0.09−0.12)	14.34	商店地面部分，做法详见说明
		11−11	(1.8−0.2−0.12)×(3.3×3−0.09−0.12)	14.34	
	垫层1	4−81	(1.8−0.2−0.12)×(3.3×3−0.09−0.12)×0.15	2.15	
	垫层2	11−4	(1.8−0.2−0.12)×(3.3×3−0.09−0.12)	14.34	
6.6	地砖踢脚线	01105003001	[33.66−3(M1)−0.9(M3)]×0.15	4.46	
		11−62			
6.7	乳胶漆墙面	01406001001 (14−199)+(14−201)	33.66×(3.57−0.27−0.1)(墙高)−3×2.7(M1)−3×1.5×2(C2)−0.9×2.1(M3)	88.72	商店
6.8	吊顶天棚	01302001001 13−28	54.85+(5.5+1.8−0.2−0.4−0.12)×2×(0.4−0.1)×2(KL3,KL4梁侧)+(3.3×3−0.15×2−0.3×2)×2×(0.6−0.1)(LL6梁侧)	71.75	
6.9	地砖地面	01102003002	(1.8−0.2−0.12)×(3.3−0.12−0.09)	4.57	
		11−4	(1.8−0.2−0.12)×(3.3−0.12−0.09)	4.57	
		11−11 4−81	(1.8−0.2−0.12)×(3.3−0.12−0.09)×0.15	0.69	
6.10	乳胶漆墙面	01406001001 (14−199)+(14−201)	[[(1.8−0.2−0.12)×2+(3.3−0.12−0.09)−0.9(M3)−1.8(M2)]×1.2+[(1.8−0.2−0.12)×2+(3.3−0.12−0.09)]×(3.57−0.27−0.1)−0.9×2.1(M3)−1.8×2.7(M2)	16.63	门厅走廊
6.11	乳胶漆顶棚	01406002001 (14−200)+(14−201)	(1.8−0.2−0.12)×(3.3−0.12−0.09)	4.57	

附录 3 续表

序号	分项工程名称	清单/定额子目	工程量计算过程	计算结果	部位说明
6.12	地板砖面层	01110600 2001 11−31	(5.5−0.04+0.2)×(3.3−0.12−0.09)	17.49	楼梯间
6.13	乳胶漆墙面	01140700 1001 14−199+14−201	[(5.5−0.04+0.2)×2+(3.3−0.12−0.09)]×(6.57−3.57−0.1)−1.8×0.9(C3)	40.17	
			标准层室内装修(二,三,四层)结果仅示一层,计价时需将工程量乘以 3,计量单位为 m²		
6.14	地砖楼面	01110200 3001 11−31	(3.3−0.12×2)×(5.5−0.04×2)	16.59	办公室 1
6.15	地砖踢脚线	01110500 3001 11−62	[21.42−0.9(M3)]×0.15	3.08	
6.16	乳胶漆墙面	01140600 1001 (14−199)+(14−201)	21.42×(6.57−3.57−0.1)−0.9×2.1(M3)−24.62	60.23	
6.17	乳胶漆顶棚	01140600 2001 (14−200)+(14−201)	(5.5−0.04×2)×(5.5−0.09−0.12)	28.67	
6.18	地砖楼面	01110200 3001 11−31	(3.3−0.12×2)×(5.5−0.04×2)	16.59	办公室 2
6.19	地砖踢脚线	01110500 3001 11−62	[16.96−0.9(M3)]×0.15	2.41	
6.20	乳胶漆墙面	01140600 1001 (14−199)+(14−201)	16.96×(6.57−3.57−0.1)−0.9×2.1(M3)	47.29	
6.21	乳胶漆顶棚	01140600 2001 (14−200)+(14−201)	(3.3−0.12×2)×(5.5−0.04×2)	16.59	

附录 3 续表

序号	分项工程名称	清单/定额子目	工程量计算过程	计算结果	部位说明
6.22	地砖楼面	011102003001 11-31	(3.3-0.12×2)×(5.5-0.04×2)	16.59	
6.23	乳胶漆墙面	011406001001 (14-199)+(14-201)	16.96×(6.57-3.57-0.1)-0.9×2.1(M3)	47.29	办公室 3
6.24	地砖踢脚线	011105003001 11-62	[16.96-0.9(M3)]×0.15	2.41	
6.25	乳胶漆顶棚	011406002001 (14-200)+(14-201)	(3.3-0.12×2)×(5.5-0.04×2)	16.59	
6.26	地砖楼面	011102003001 11-31	(1.8-0.2-0.12)×(3.3×4-0.09×2)	19.27	门厅走廊
6.27	地砖踢脚线	011105003001 11-62	[(3.3×3-0.09+0.15)+(1.8-0.2-0.12)+(3.3×3+0.12×2)]×0.15-0.9×3(M3)	0.54	
6.28	乳胶漆墙面	011406001001 (14-199)+(14-201)	[(3.3×3-0.09+0.15)+(1.8-0.2-0.12)+(3.3×3+0.12×2)]×(6.57-3.57-0.1)-0.9×2.1×3(M3)	56.91	门厅走廊
6.29	乳胶漆顶棚	011406002001 (14-200)+(14-201)	19.26+(1.8-0.12-0.2)×2×(0.4-0.12)×3(KL2、KL3、KL4 梁侧)	21.75	
6.30	地砖楼梯面层	011106002001	(5.5-0.04+0.2)×2×(3.3-0.12-0.09)	17.49	梯间
6.31	乳胶漆墙面	011406001001 (14-199)+(14-201)	[(5.5-0.04+0.2)×2+(3.3-0.12-0.09)]×(6.57-3.57-0.1)-1.8×0.9(C3)	40.17	

附录 3 续表

序号	分项工程名称	清单/定额子目	工程量计算过程	计算结果	部位说明
6.32	外墙面	011201002001 12-45	$[(5.5+1.8+0.2+0.12)×2+(3.3×4+0.15×2)]×3-(3.3-0.09-0.12)×(6.57-3.57-0.3)-(1.8-0.12-0.2)×(3+0.9(女儿墙)-0.4)-1.8×1.5×3(C1)-1.8×0.9(C3)$	103.48 m²	外墙面铺陶瓷锦砖
			七、其他构件		
7.1	散水	010507001001 1-128,11-4	$[15.2×2+(7.62+1×2)×2-2.7-(3.3×3+0.15×2)]×1$	36.74 m²	
		4-72 换 28 灰	$36.74×0.15$	5.511 m³	
7.2	坡道	010507001002 1-128,11-4,11-11	$2.7×3.6$	9.72 m²	
		4-72	$9.72×0.3$	2.916 m³	
7.3	台阶面	011107006001 11-4,11-1, 1-128,11-6	$(3.3×3+0.15×2)×(0.3×3+0.3)$	12.24 m²	
		4-72	$12.24×0.3$	3.6 m³	
7.4	楼梯面	011106002001 11-71	$(5.5-0.04×2)×(3.3-0.09-0.12)×3+(5.5-0.04×2)×(3.3-0.09-0.12)-(2.16-0.04)×(3.3/2-0.095-0.12)$	63.95 m²	
7.5	雨篷	011301001001 11-6,13-1	$1.1×(3.3×3+0.15×2+2.4)$	13.86 m²	
7.6	栏杆	011503001001 15-93	平台$(3.3-0.25)×3+1.8×3=14.55$ 楼梯:3.27×8 平均数计算:26.16m	40.71 m	设计与不同时需换算
7.7	落水管	010902004001 9-118,9-114	9-114,24 m，9-118,2 个	24 m	

参 考 文 献

［1］ 中华人民共和国住房和城乡建设部.GB 50500—2013 建设工程工程量清单计价规范［S］.北京:中国计划出版社,2013.

［2］ 河南省建筑工程标准定额站.HA01—31—2016 河南省房屋建筑与装饰工程预算定额［S］.北京:中国建材工业出版社,2017.

［3］ 中华人民共和国住房和城乡建设部执业资格注册中心.建筑材料与构造［M］.北京:中国建筑工业出版社,2013.

［4］ 中国建设工程造价管理协会.建设工程造价管理基础知识［M］.北京:中国计划出版社,2013.

参考文献

[1]
[2]
[3]
[4]